U0125749

贾丽芳 〇 编著

包装结构实战案例

人民邮电出版社
北 京

图书在版编目（CIP）数据

包装结构实战案例 / 贾丽芳编著. -- 北京 : 人民
邮电出版社，2024.4
ISBN 978-7-115-63389-7

Ⅰ. ①包… Ⅱ. ①贾… Ⅲ. ①包装设计－案例 Ⅳ.
①TB482

中国国家版本馆CIP数据核字(2024)第051653号

内 容 提 要

包装设计是一个综合性很强的学科，包装结构就是其中一个重要的环节。

本书是作者从多年包装设计工作中精心挑选的典型包装结构的总结与分享，共 48 个案例。这些案例主要包括常见的纸质包装盒、塑料薄膜包装，以及铁盒和其他精装盒等。每个案例都有成品展示、设计说明，以及包装材质、结构或印刷工艺的介绍。同时，对尺寸、用色、各种工艺的标注方法等关键信息也做了详细说明。

本书适合包装设计师学习或参考，也适合作为艺术院校的包装设计专业或相关培训机构的教材。

◆ 编　著　贾丽芳
　　责任编辑　张丹丹
　　责任印制　马振武

◆ 人民邮电出版社出版发行　　北京市丰台区成寿寺路 11 号
　　邮编　100164　　电子邮件　315@ptpress.com.cn
　　网址　https://www.ptpress.com.cn
　　北京九天鸿程印刷有限责任公司印刷

◆ 开本：889×1194　1/16
　　印张：10　　　　　　　　　　　　2024 年 4 月第 1 版
　　字数：415 千字　　　　　　　　2024 年 7 月北京第 2 次印刷

定价：99.80 元

读者服务热线：(010)81055410　印装质量热线：(010)81055316
反盗版热线：(010)81055315
广告经营许可证：京东市监广登字 20170147 号

前　言

2019 年 3 月，我出版了人生中的第一本书《包装设计实战教程》。很荣幸，这本书深受读者喜爱，并且持续畅销三年。但是书中关于包装结构的部分不够详尽，经常会有设计师询问我包装结构的相关问题。所以我又编撰了《包装结构实战案例》这本书。

中国的年轻新锐设计师越来越多，优秀的创意层出不穷。然而要把包装创意和效果图完美落地，并不是一件容易的事情，因为要考虑的细节特别多，而且需要长时间的行业积累。如果每个包装都反复地打样、修正、打样、修正……是对资源的一种浪费，而且不环保。这对设计师、品牌方、生产方三方来说也是资源的消耗。如果这本书能让打样的过程少一些波折，我会感到无比欣慰。

包装设计是一个综合性很强的学科，包装结构就是其中一个重要的环节。我在美院学设计 4 年，从业 15 年，其中自己创业 12 年，算是有一定的积累。本书中收录了常见的盒型和袋型结构，是一本设计工具书，设计师或品牌方可以随时拿出来翻看、查找，与印刷厂、包装厂沟通起来也会更顺畅。

如何把效果图完美落地，第一层要考虑的是包装结构和材质。包装材质非常多，本书主要展示了纸质包装和塑料软包装这两种最常用的材质。在快消品领域，可以说 80% 以上的包装都是纸质和塑料材质的。纸和塑料的制版方式不一样，承印材质不一样，印刷机器不一样，印刷用的油墨也不一样。所以，印刷文件也要做得不一样。

这本书从上千款包装中筛选出了具有代表性的 48 个案例，每个案例都有印刷文件的展开图。大家可以清楚地看到包装结构细节，如尺寸、用色及各种工艺的标注方法。比如过 UV 或烫金，就需要把工艺区域复制出来，放在印刷文件旁边，这样印刷厂就一目了然了。完善的设计文件尽管不能替代印前文件处理，但是可以明确表达设计师的想法，让印刷厂了解设计师想要达到的效果。

编写本书花费了大量的时间和精力。为了更好地呈现实物效果，有的产品还专门安排了摄影。感谢以下人员为本书的编写做出的贡献（排名不分先后）。

排版：卞幸运　徐培强　李艳
摄影：康耀文　胡胜娇
文案：彭涛　林树年　孟丹

最后，感谢多年来信任我的客户，感谢大家支持我将产品包装的设计理念和结构以图书的方式分享出来。愿我的客户能生产更多的、深受消费者喜爱的产品。

注：包装设计图在交给客户后，可能会有少许改动，故本书中个别包装展开图与最终的实拍图略有差别。

贾丽芳
写于 2023 年 10 月 9 日

目　录

第01章

卡纸盒

案例 1

千彩牛肉酱

设计说明

这款牛肉酱的产品名是"1斤牛肉6两酱",同时也是注册商标。将产品名注册为商标是常用的一种定位方式,做到了产品即品类,在市场竞争中可以起到护城河的作用。传统的牛肉酱是玻璃瓶装的,有携带不方便、一次吃不完、保存易变质等痛点。我们用酸奶杯来装牛肉酱,一杯的容量是55克,一个人一顿饭正好可以吃一杯。因为品牌方在上海,所以包装上绘制了上海的风光,其中旗袍美女和现代化的大厦形成反差,又相得益彰。本产品入选了2021年的"上海特色伴手礼"比赛前十强。

材质与结构

杯子的材质为PET,盖膜为纯铝。外盒采用抽拉盒的盒型结构,材质为350克白卡纸覆亚膜。内托上做了6个圆形卡槽,用来放置产品。

设计师 彭涛
插画师 山东玉
摄影师 康耀文
客　户 上海千彩食品有限公司

盒型结构拆解步骤

内托材质：350 克白卡纸
内托尺寸：247mm（长）×170mm（宽）×30mm（高）

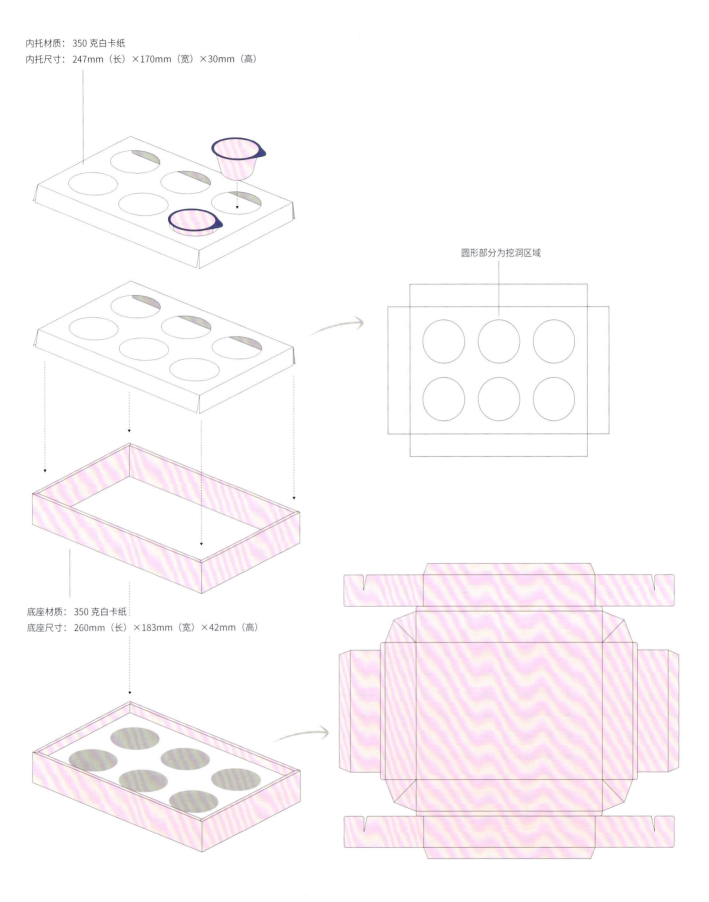

圆形部分为挖洞区域

底座材质：350 克白卡纸
底座尺寸：260mm（长）×183mm（宽）×42mm（高）

封套材质：350 克白卡纸（四色印刷）
封套工艺：满版逆向油
封套尺寸：260mm（长）×184mm（宽）×44mm（高）

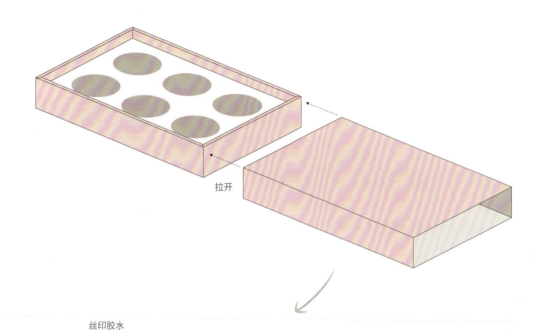

拉开

丝印胶水

烫红金

击凸

大颗粒牛肉酱

1斤牛肉6两酱

大颗粒牛肉酱

净含量：330g(55gX6)

大颗粒牛肉酱

黑色所示部分满版用逆向亮油，其余部分用亚油

用色：　■　■　■　■　□　专蓝　专红　专粉1　专粉2

出血

品名:大颗粒牛肉酱(原味)
配料:植物油、牛肉、洋葱、鸡肉、大蒜、大豆拉丝蛋白、绵白糖、牛肉粉调味料、香辛料、蚝油、鲜辣椒、郫县豆瓣、芝麻、味精、鸡精调味料、豆豉、酵母抽提物、酿造酱油、食品添加剂(山梨酸钾、乳酸链球菌素)
产品标准号:GB 31　　保质期:9个月
贮存条件:常温、避光、冷藏尤佳
生产日期:见杯底
生产商:上海千彩食品有限公司
地址:上海市奉贤区柘林镇
产地:上海市
食品生产许可证编号:SC1033101
联系电话:021-646

营养成分表
项目	每100g	NRV%
能量	1397kJ	17%
蛋白质	15.6g	26%
脂肪	29.2g	49%
碳水化合物	3.0g	1%
钠	1410mg	71%

6 973079

尺寸：73mm（直径），40mm（高）

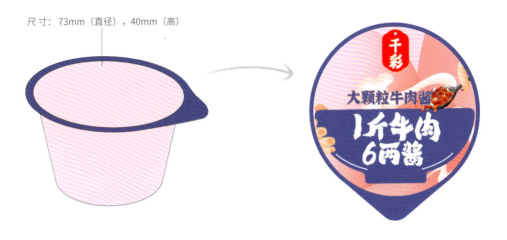

案例 2
喆喆本草龙胆多效修护霜

设计说明

"本草"这一中国传统概念已经深入人心，消费教育成本较低。爱可依研发团队 17 年来一直专注于小儿皮肤中药创新药物的开发和应用，中草药组方活性物质的运用和强大的专家团队是其核心竞争力。"喆喆本草"是爱可依植入"本草"的概念，并针对小儿皮肤的特点推出的功效性护肤品品牌。品牌色源自传统水墨画中的大山和植物，体现了"本草"的护肤理念。设计包装时，用水彩风格绘制了产品中主要的植物成分。

材质、结构与印刷工艺

外盒的材质是 350 克白牛皮纸，盒型结构为反式插舌盒。白牛皮纸有韧性，手感舒适，能体现原生态的感觉。内瓶上的图案采用的是丝印工艺。

设计师 贾丽芳
插画师 罗娇
摄影师 康耀文
客　户 成都爱可依生物科技有限公司

盒型结构拆解步骤

包装立体图
尺寸： 54mm×54mm×128mm

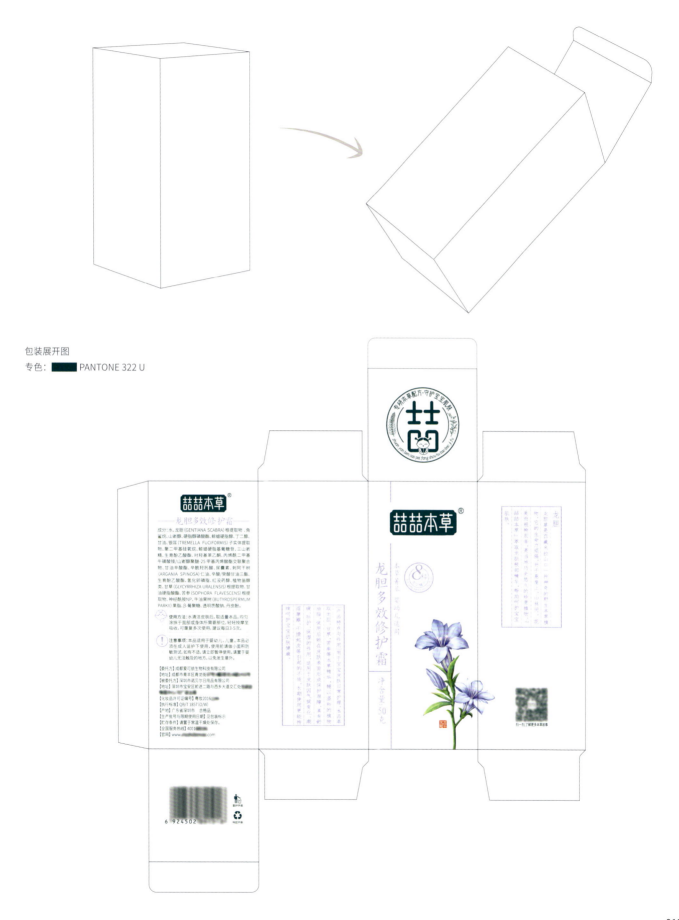

包装展开图
专色： ██████ PANTONE 322 U

案例 3
老金磨方花草茶 1

设计说明

设计老金磨方系列花草茶包装时，为了区分不同的配方，把配料元素用插画的形式绘制了出来，从而让消费者可以直观地看到产品的成分。同时，根据产品属性的不同，包装采用了不同的主色调，比如芡实薏仁红豆茶用红色，冬瓜荷叶乌龙茶用绿色，人参玛咖枸杞茶用黄色。居中对齐的排版形式有中国传统特色，元素密集与稀疏形成对比，使画面更精致。

材质、结构与印刷工艺

盒子的材质是 350 克白卡纸。盒型结构在插舌盒的基础上做了创新，将插舌延长，扣在盒子外面。在盖子和盒子上各固定一个文件袋上常用的圆形纸片，用白色细棉线进行缠绕固定。产品有种手作的感觉，开启时也很有仪式感。四色胶印后覆亚膜。

设计师 彭涛
插画师 罗娇
摄影师 康耀文 胡胜娇
客　户 杭州老金食品有限公司

盒型结构拆解步骤

包装立体图

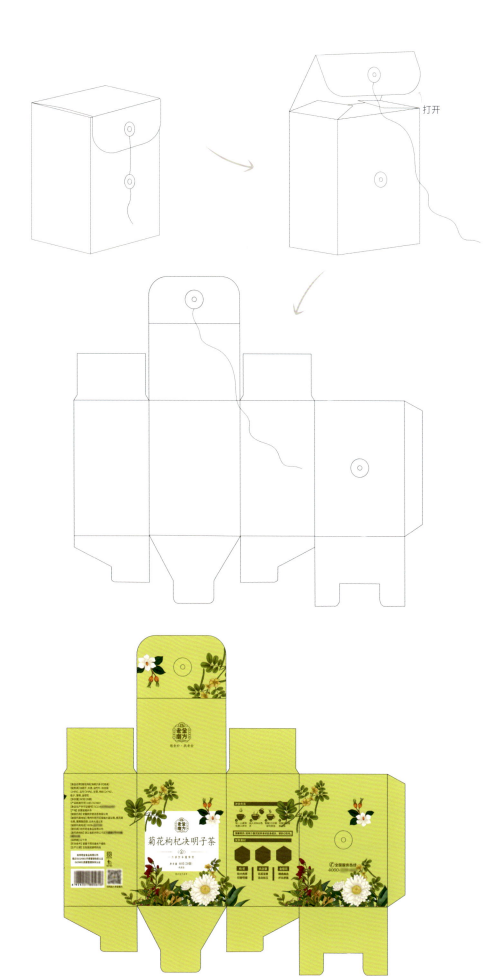

打开

包装展开图

案例 4

梨膏糖

设计说明

"梨膏糖"品类名用了粗楷字体，很突出。广告语"不止是润喉"可以让消费者联想到产品的作用。包装主色调是梨黄色，可以很好地体现产品的属性，而且上架效果很吸引人的眼球。包装风格与市面上畅销的润喉糖、枇杷膏等产品一样，采用中式对称装饰风格，降低了消费者的教育成本。配料表文字、原料图和熬制梨膏糖的插画场景，非常直观地体现了产品的真材实料，也体现了传统手工与匠心品质。

材质与结构

梨膏糖的规格是 90 克，纸盒比较小巧，尺寸为 90mm×90mm×35mm，可以直接装到口袋里，方便携带。外包装盒沿折线折叠可以折成展示盒，既能满足产品保护和运输的需求，又便于作为陈列盒在货架上展示。展示盒只装了 6 盒产品，便于在超市收银台处陈列，增加了被消费者关注和购买的概率。

设计师 贾丽芳
摄影师 康耀文 胡胜娇
客 户 四川关键词商贸有限公司

盒型结构拆解步骤

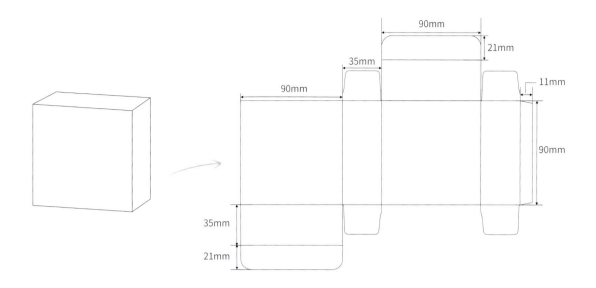

材质：350 克白卡纸（四色印刷）

工艺：覆亚光布纹膜

尺寸：90mm×35mm×128mm

印章烫红金

黑色区域烫黑金

外包装盒立体图

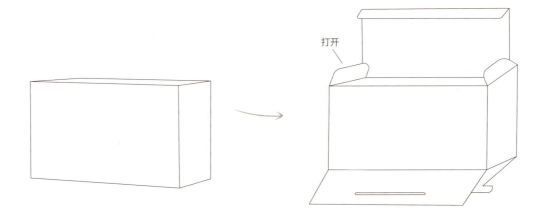

打开

外包装盒展开图

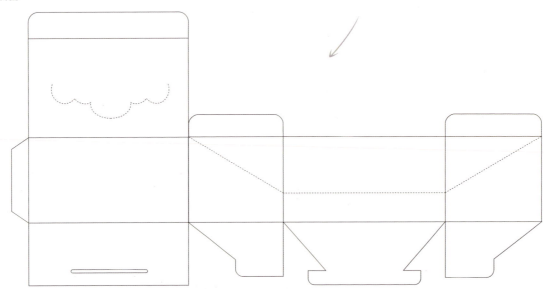

焉能不火 梨膏糖展示盒

材　质：350克白卡纸(四色印刷)
工　艺：覆亚光布纹膜
尺　寸：185mm×110mm×95mm

备　注：此文件仅为设计文件，非最终制作文件
印刷前请打样（粘边方式及尺寸请根据客户要求自行调整），装实物确保尺寸、
图形、颜色和文字准确，并以客户最终核实签字为准。

—————　模切线，不印刷

—————　折叠线，不印刷

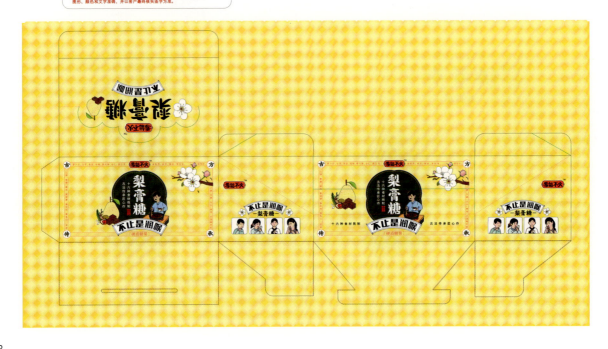

案例 5
黄金搭档

设计说明

燕窝主要针对女性消费群体，所以本次设计主要提取女性身体柔美线条，配合流线型燕子造型，使得画面透露出优雅的气质，符合当代女性的审美；对"胶原"的字体进行设计，使整体包装更加有品质感，点、线、面的搭配节奏恰到好处。配色采用 6：3：1 黄金配色法，黑色占 60%、粉色占 30%、白色占 10%。黑色底与其他燕窝产品形成差异化，货架陈列效果非常吸睛。

材质与印刷工艺

盒子的材质是 350 克白卡纸，四色胶印，满版逆向油，标志烫金。

设计师	彭涛
插画师	罗娇
摄影师	胡胜娇
客　户	上海黄金搭档生物科技有限公司

盒型结构拆解步骤

包装立体图

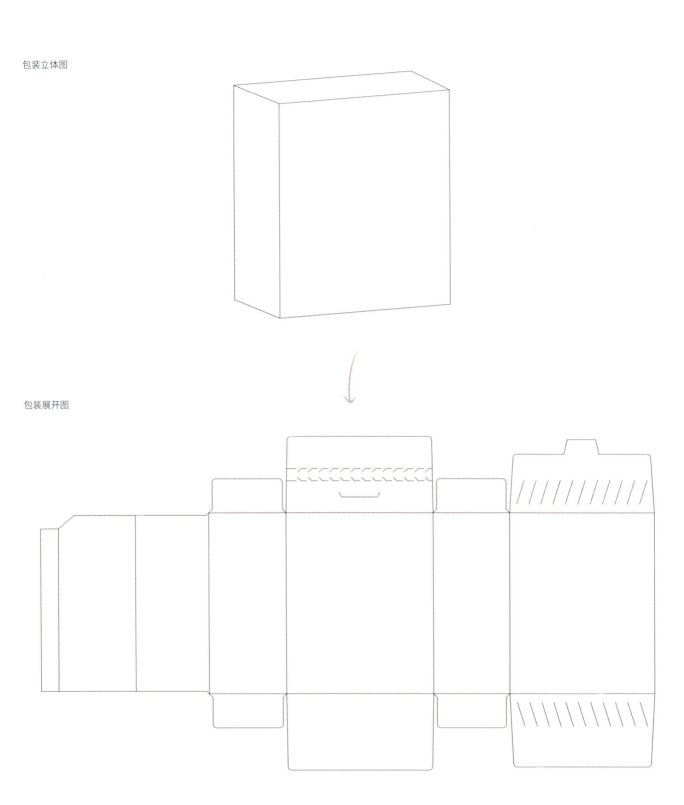

包装展开图

烫金颜色参考

1		Pearlized Pink 3207
2		Matt Gray 3421
3		Matt Champagne 1021

选择以上其中一个颜色烫金，
建议选择第三个

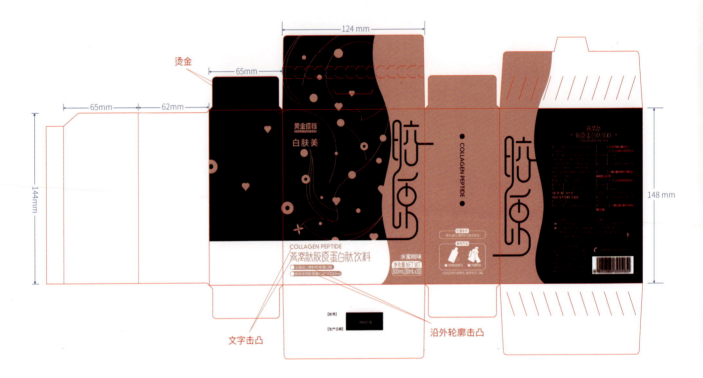

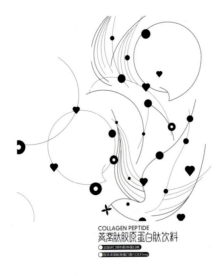

满版逆向油（亚），黑色部分上亮油

（包装正面）以上黑色部分做击凸

一纸成型隔断

逆向油（亚）

逆向油（亮）

击凸

烫金

案例 6
致零花胶燕窝汤

设计说明

这款产品的原料有花胶和燕窝,零售价比较高,所以包装要做出高级感——视觉传达的价值感要能匹配甚至超越产品的价格。产品的目标消费群体是女性。她们购买一款产品,除了使用需求,还有社交需求和情感价值的需求,比如晒朋友圈,介绍给闺蜜等,所以包装的颜值要高。白色背景加精致的圆形文字排版,两边是低饱和度的插画——花和燕子,很有轻奢的感觉。将抽拉盒拉开后,产品和勺子整齐地排列在盒内,有满满的仪式感,让人忍不住想拍照晒一下。

材质与结构

盒子的材质是 350 克白卡纸覆亚膜,盒型结构是抽拉盒。盒体折叠了 7mm 的厚度出来,增强承重性与稳定性。内托是 350 克白卡纸,在上面做圆形模切,在镂空处放置产品,矩形镂空处放置勺子盒。

设计师 贾丽芳
插画师 罗娇
摄影师 康耀文
客 户 北京思忆汤食餐饮文化管理有限公司

盒型结构拆解步骤

包装盒立体图

勺子盒

勺子盒展开图

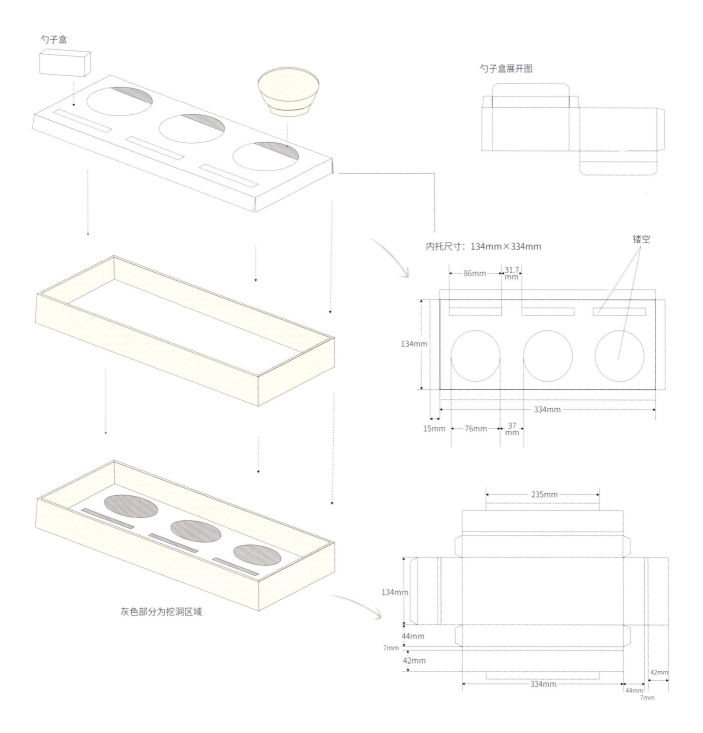

内托尺寸：134mm×334mm

镂空

86mm · 31.7 mm

134mm

334mm

15mm · 76mm · 37 mm

灰色部分为挖洞区域

235mm

134mm

44mm

7mm

42mm

42mm

334mm

44mm

7mm

底盒尺寸：348mm×148mm（包含上下左右卷边厚度，其中卷边厚度为 7mm）

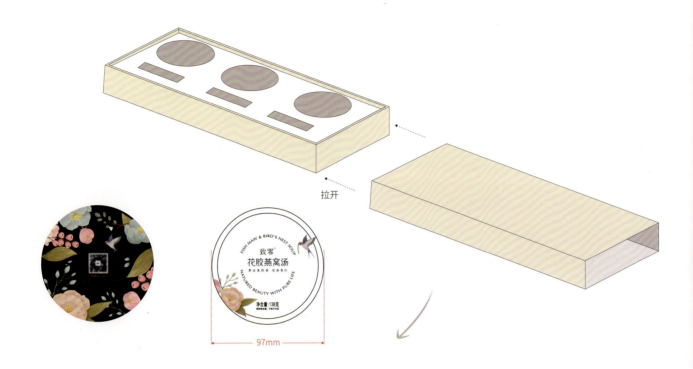

拉开

97mm

包装盒展开图   尺寸：348mm×148mm×45mm

20mm

45mm

148mm

FISH MAW & BIRD'S NEST SOUP
致零 花胶燕窝汤

净含量：414克（138克×3）
固形物含量：不低于45克

FISH MAW & BIRD'S NEST SOUP
致零 花胶燕窝汤

印专色金

348mm

110mm

封套尺寸：110mm×84mm

84mm

45mm

30mm

20mm

模切

模切

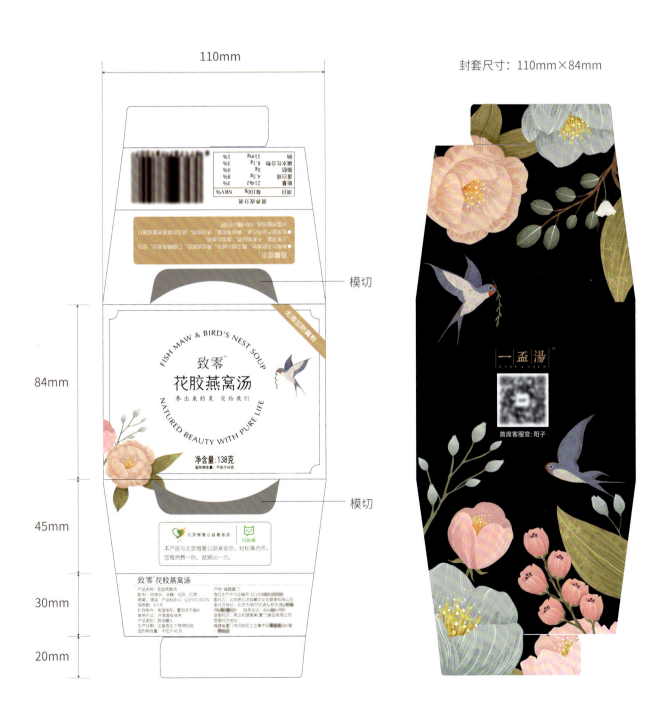

案例 7

爱福龙须酥

设计说明

龙须酥是一种中国传统糕点，其制作过程非常具有画面感：由 6～8 个人围着一张桌子，手拽着一圈糖浆；几人共同用力，将圈圈扯大之后重叠，继续拉扯，再重叠，其间会将糯米粉撒在上面，避免黏合，如此反复，直到糖丝细如龙须。设计中绘制了一条红色长龙，旁边有一个制作龙须酥的传统匠人将糖圈甩了起来；仙鹤红日，远处是耸入云层的高山，有着东方奇幻的色彩。龙须酥三个书法字保留了较多的飞白，体现了龙须酥的产品特性。用印章和拼音字母做了细节装饰。古法手工是提炼出的产品卖点。白色将品名区统一起来，与背景做区别，后面所有的新产品会延续品名区的设计。

材质、结构与印刷工艺

盒子的材质是 350 克白卡纸覆亚膜。盒型结构是抽拉盒，盒体折叠了 8mm 的厚度出来，增强承重性与稳定性。满版压十字纹。

设计师 贾丽芳

插画师 罗娇

摄影师 胡胜娇

客　户 随州市大洪山绿色生态保健食品有限公司

烫红金

烫黑金

盒型结构拆解步骤

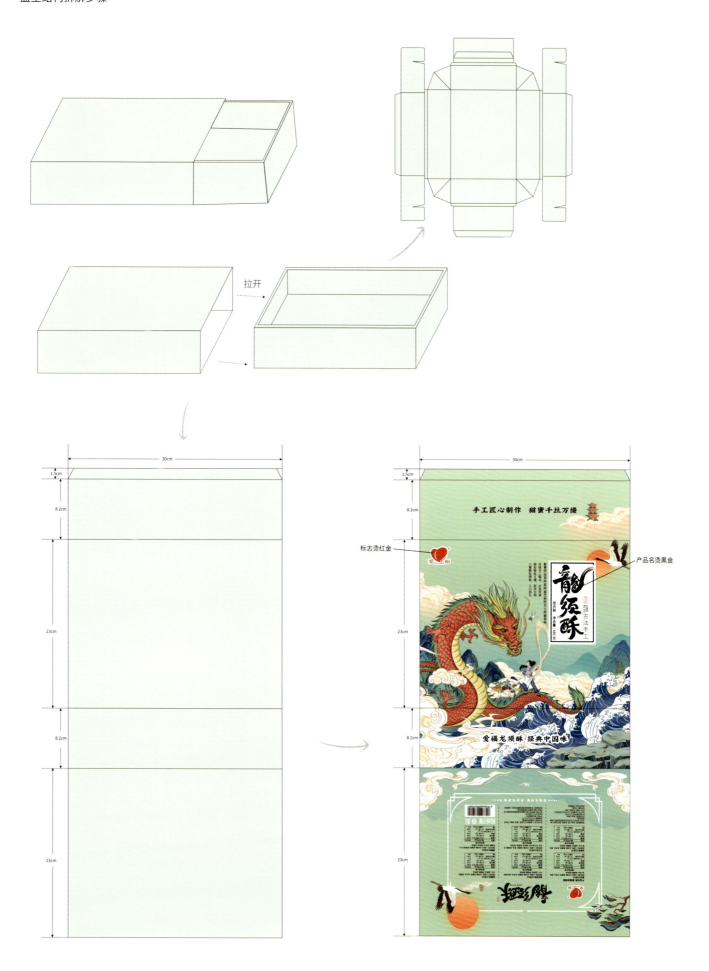

案例 8
阿米家米粒纹棉柔巾

设计说明

阿米家是一个新创的棉柔巾品牌。该设计从标志、VI（视觉识别系统）等开始，并为其确定了品牌色阿米家蓝。标志的图形部分由棉花和房子组成，可以很好地传达出品牌的理念。广告语是"愿世界将你温柔以待"，阿米家立志用优质的产品给用户带来呵护。将标志的图形放大并应用到包装上，作为超级符号。采用双面印刷，在开启后可以看到图文，希望给用户带来更好的体验。

结构与印刷工艺

这款精装盒的盒型结构是翻盖棉柔巾盒，是一款成熟的、广泛应用于棉柔巾包装领域的盒型。其好处是，有防尘盖和撕开口，非常人性化。阿米家蓝采用专色印刷。

设计师　贾丽芳
插画师　罗娇
摄影师　陈佳伟
客　户　阿米家

盒型结构拆解步骤

包装盒立体图

包装盒展开图

尺寸：210mm（长）×110mm（宽）×70mm（高）

专色： PANTONE 3252 C（印刷时严格按照潘通色卡校色）

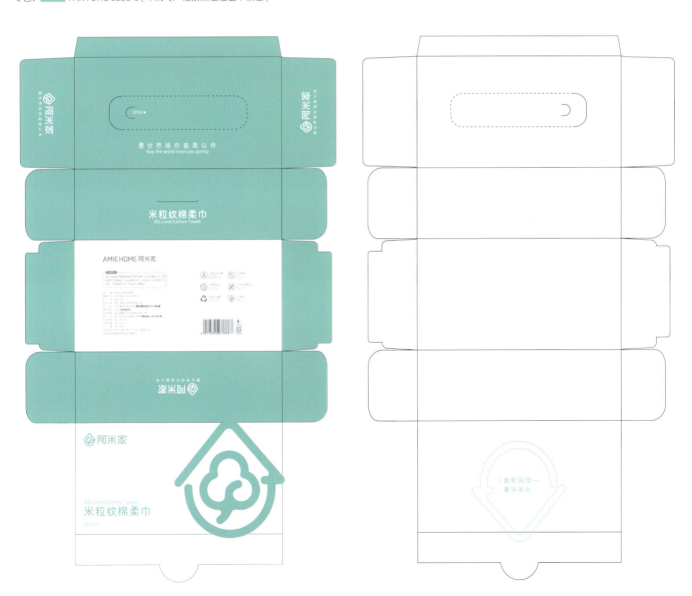

外盒

卡槽

案例 9
老金磨方酸梅汤

设计说明

包装整体色调为紫色，因为酸梅汤的主原料乌梅就是紫色的，这样可以很好地体现产品的属性。包装上的图形装饰性比较强，是左右对称的中式复古的效果。标志出现在包装正上方，置于放射状光芒的中心，更能突出品牌。灯笼、桌子、茶碗插画，古色古香，体现了中华传统文化的审美。各种食材插画体现了产品的真材实料。丝带上做了一个"金"字招牌，彰显品牌的匠心精神。

材质与结构

这款精装盒的材质是 350 克白卡纸覆亚膜。该盒型结构是单边抽拉盖，在封套上做了两个三角形的凹槽，方便拉开。在内盒中间做了一个隔断，将茶包和糖包分隔开。

设计师 贾丽芳
摄影师 胡胜娇
客　户 杭州老金食品有限公司

内盒

案例 10
小藤匠来凤藤茶

设计说明

藤茶产自湖北恩施。来凤藤茶是一个公共区域品牌，我们选用了凤凰呼应产品名，有凤来兮，直观且契合产品，同时能表达茶山优良的自然生态环境。包装中部绘制了一个椭圆形的开窗，其中置入了山水图案，还有养生盖碗茶，体现了产品有益身体健康的特性。这款产品有纸盒装、铁盒装，都用了同样的视觉元素，便于形成系列包装的统一性，具备很强的品牌感。

材质、结构与印刷工艺

包装材质是 350 克白卡纸，盒型是三角盒。四色胶印，满版用逆向油，标识烫亚金。

设计师 彭涛

插画师 山东玉

摄影师 陈佳伟

客 户 湖北酉凤来硒生态农业科技有限公司

盒型：三角盒

材质与工艺：350 克白卡纸（四色印刷），烫亚金，满版逆向油

成品尺寸：150mm（长）×120mm（宽）×102mm（高）

专色： 专金

　　　 PANTONE 4168 C

　　　 PANTONE 297 C

　　　 PANTONE 2905 C

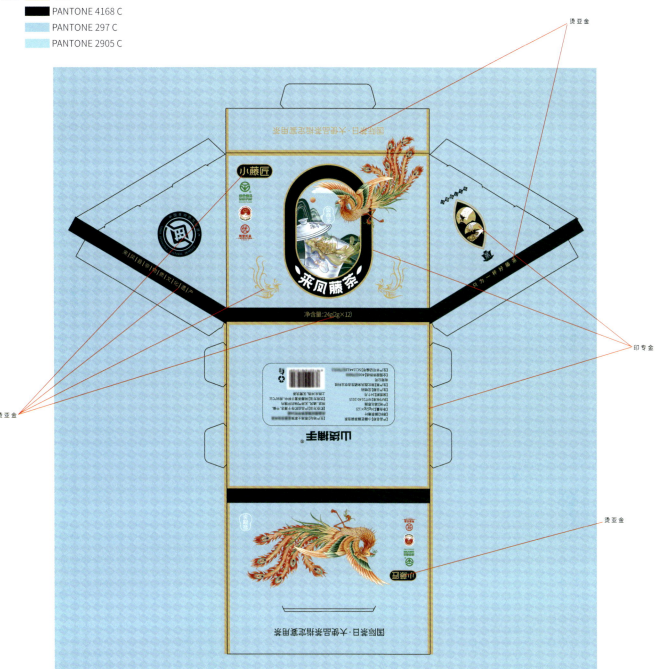

烫亚金

印专金

烫亚金

烫亚金

黑色部分印亮油

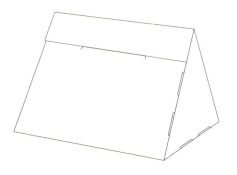

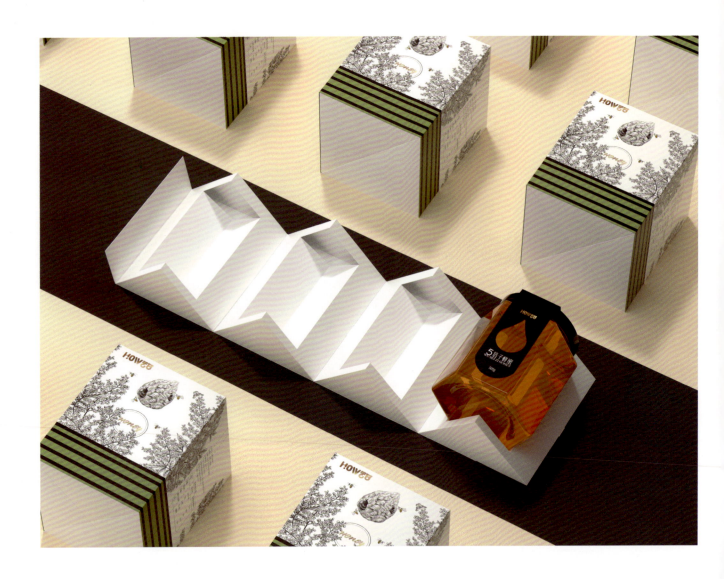

案例 11
HOW 甜蜂蜜

设计说明

HOW 甜五倍子蜂蜜的产地位于苗族聚居区。包装从产品来源五倍子花和苗族元素入手进行设计。以素描手法绘制出五倍子花密集的开花状态。画面中有几只飞舞的蜜蜂，营造出自然生动感。用黄色作为蜜蜂尾部的点缀，使画面更具灵动性。包装下方的横条纹提取自苗族传统服饰中的纹样，色彩使用了低饱和度的草绿色，高雅、自然，不会破坏包装整体的简洁感和品质感。

材质与结构

这款包装的材质是 350 克白卡纸覆亚膜。盒型结构比较复杂，4 个独立的结构粘贴在同一张卡纸上，折叠合并后形成一个矩形。该设计承重性非常好，可以放500 克的玻璃瓶蜂蜜，并且在运输过程中不易损坏。

设计师 林树年
插画师 罗娇
摄影师 陈佳伟
客 户 HOW 甜

外盒表层印刷展开图

烫亚金

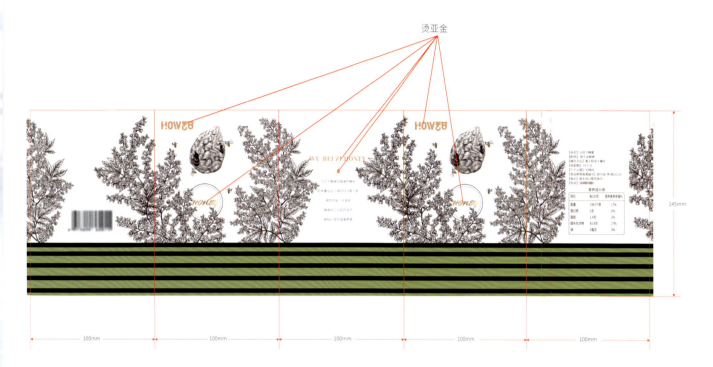

145mm

100mm 100mm 100mm 100mm 100mm

瓶贴

材质：珠光膜不干胶瓶贴

成品尺寸：55mm×155mm

烫亚金

55mm

155mm

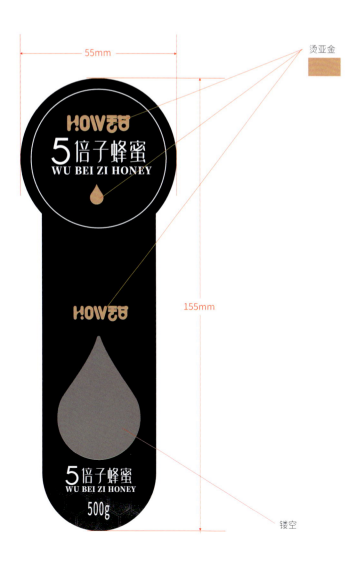

镂空

案例 12
老金磨方大麦若叶青汁

设计说明

大麦若叶青汁这款包装用嫩绿色作为主色调，很好地体现了大麦若叶青汁的产品属性。身材婀娜的穿着旗袍的美女端着一杯青汁，站在麦田里，暗示了产品的瘦身功效。将内袋包装的图案放在外盒上，方便消费者了解内容物。把"破壁粉碎·轻松吸收"这个卖点设计成一个图标，增强了精致感。翻盖盒打开后就是一个展示盒，方便取出产品，用完后还可以盖上。人性化的盒型结构可以给消费者很好的体验感。

材质、结构与印刷工艺

材质是 350 克白卡纸，覆亚膜。盒型结构是粘胶的翻盖盒，上面有蚂蚁线，可以撕开后折叠展示。四色胶印，凤凰底纹过 UV。

设计师 贾丽芳

客　户 杭州老金食品有限公司

盒型结构图

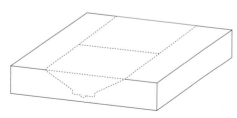

外盒表层印刷展开图

烫亚金

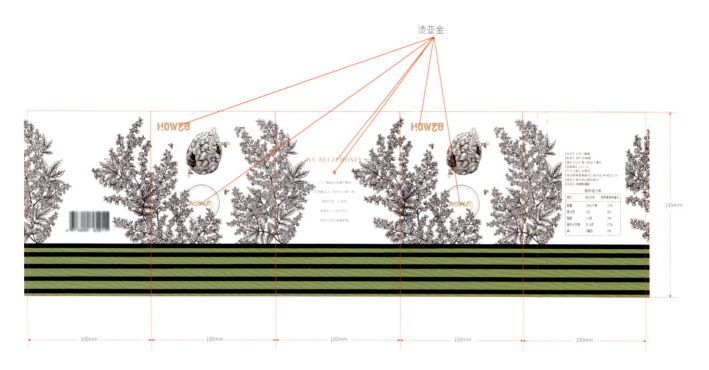

145mm

100mm 100mm 100mm 100mm 100mm

瓶贴

材质：珠光膜不干胶瓶贴

成品尺寸：55mm×155mm

55mm

烫亚金

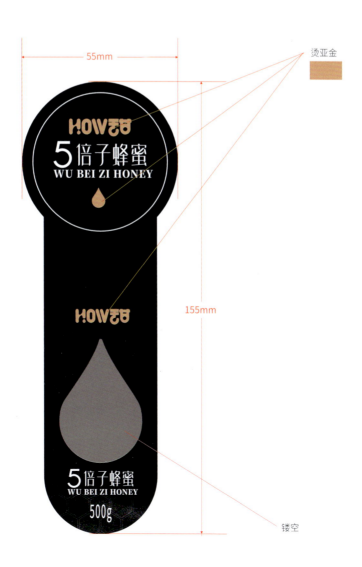

155mm

镂空

内部结构展开图

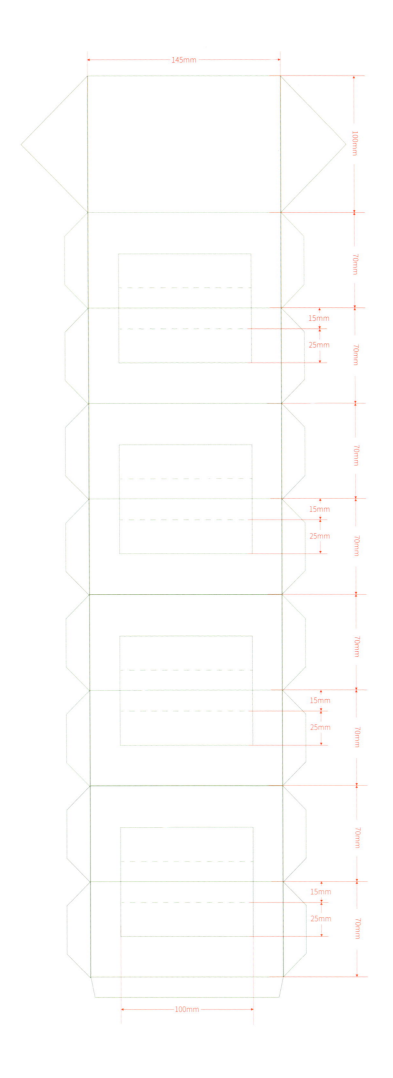

案例 12

老金磨方大麦若叶青汁

设计说明

大麦若叶青汁这款包装用嫩绿色作为主色调，很好地体现了大麦若叶青汁的产品属性。身材婀娜的穿着旗袍的美女端着一杯青汁，站在麦田里，暗示了产品的瘦身功效。将内袋包装的图案放在外盒上，方便消费者了解内容物。把"破壁粉碎·轻松吸收"这个卖点设计成一个图标，增强了精致感。翻盖盒打开后就是一个展示盒，方便取出产品，用完后还可以盖上。人性化的盒型结构可以给消费者很好的体验感。

材质、结构与印刷工艺

材质是 350 克白卡纸，覆亚膜。盒型结构是粘胶的翻盖盒，上面有蚂蚁线，可以撕开后折叠展示。四色胶印，凤凰底纹过 UV。

设计师 贾丽芳

客　户 杭州老金食品有限公司

盒型结构图

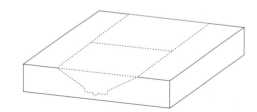

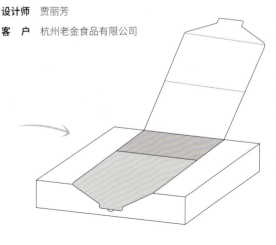

案例 13

仁和鸡内金山楂

设计说明

仁和鸡内金山楂草本固体饮料是由鸡内金、山楂、大枣等原料搭配而成的，所以包装的插画创作从产品原料入手，以线描手法绘制出植物山楂，突出产品特性，增强识别性。作为儿童饮品，结合品牌调性，该设计加入了中国传统娃娃的卡通形象，融入了传统特征：服饰与帽子。整体设计为新中式风格。男娃娃与女娃娃的组合更增加了产品识别度与趣味性。同时配色上采用富有感染力与生命力的红色和绿色，传达了视觉的多样性，使整个包装更加丰富。

材质、结构与印刷工艺

材质是 350 克白卡纸，覆亚膜。盒型结构是一纸成型的飞机盒，并且自带卡槽。四色胶印。

设计师 林树年

插画师 山东玉

摄影师 康耀文

客 户 安徽益寿金方国药有限责任公司

盒型结构拆解步骤

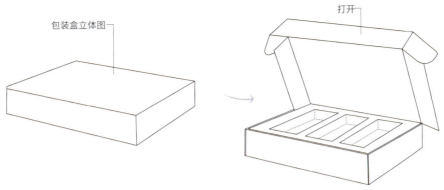

包装盒立体图

打开

包装盒展开图

尺寸：180mm（长）×135mm（宽）×37mm（高）
内袋尺寸：110mm×35mm
材质：350 克白卡纸，覆亚膜
专色：　　　 PANTONE Warm Red C

案例 14
老金磨方花草茶 2

设计说明

这套花草茶的设计风格清新雅致，符合女性审美。绘制了玫瑰、菊花、枸杞、红枣等配料元素，用不同的配料元素、色块和人物来区分产品。身着旗袍的美女来自老上海的画报，有浓浓的复古味道，让人有种似曾相识的感觉；再加上居中对齐的排版，以及四周的花边装饰，都能体现历史文化感，符合品牌的调性。开启天地盖的盒子后，可以看到产品分区摆放，很有仪式感。

材质、结构与印刷工艺

材质是 350 克白卡纸，覆亚膜。盒型结构是天地盖。四色胶印。

设计师 贾丽芳

客 户 杭州老金食品有限公司

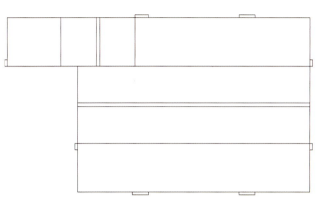

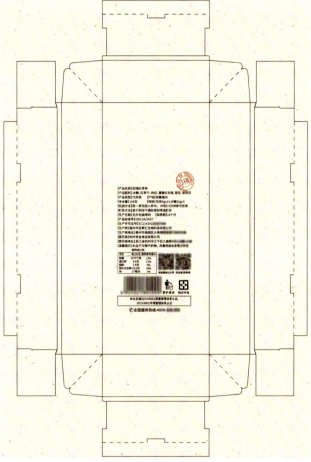

案例 15
老金磨方代餐粉

设计说明

老金磨方铁罐装红豆薏米粉是爆款产品，持续畅销十年。因整罐不适合携带，所以设计了这款便携装，一餐吃一袋，适合作为早点或下午茶，其消费场景可以是旅行途中、办公室等。包装突出产品名"红豆薏米混合粉"，还绘制了配料图，直观地体现了产品的成分。盒型结构一纸成型，无须粘胶，更环保。

材质与印刷工艺

材质是 350 克牛皮纸，印专色白和四色胶印，局部过 UV。

设计师 贾丽芳

客　户 杭州老金食品有限公司

盒型结构图

盒型展开图

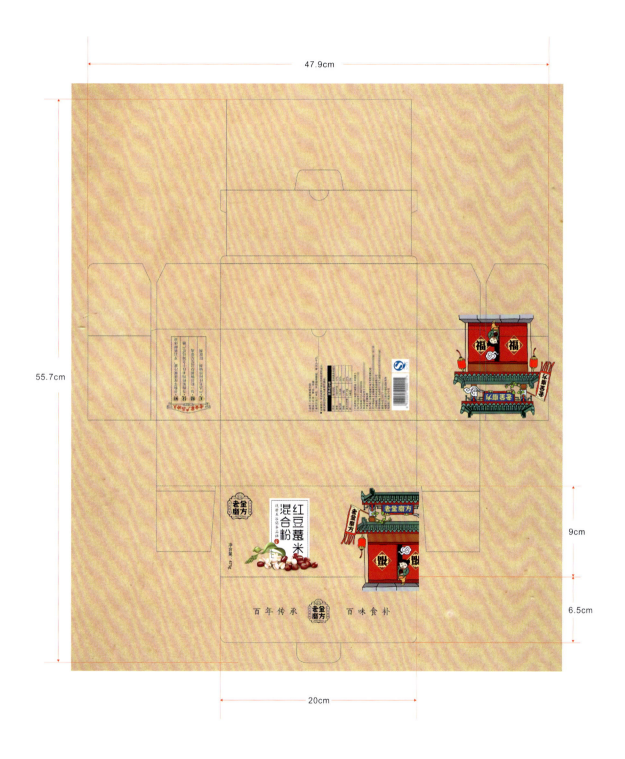

47.9cm

55.7cm

9cm

6.5cm

20cm

案例 16
九洞天樱桃酒

设计说明

该产品销售渠道为电商渠道，年轻女性是这类产品消费的主力军，因此我们将女孩和樱桃作为视觉主体，创造了一个手抱大樱桃的年轻女性：手抱大樱桃，头扎樱桃辫。包装下部提炼出简约的樱桃几何图案，印刷专色银，提升包装的档次感，整体显得时尚、简约、大气。

材质与印刷工艺

材质是 350 克白卡纸对裱，满版用逆向油。瓶贴是柔版印刷。

设计师　贾丽芳
插画师　山东玉
客　户　大方县九洞天农业观光专业合作社

盒型结构拆解步骤

包装立体图

包装展开图

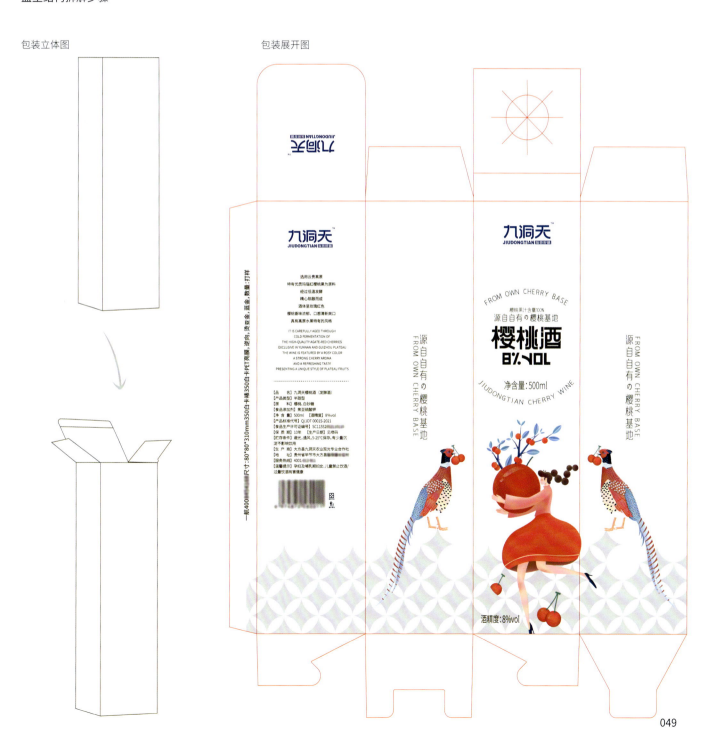

逆向油亮光

逆向油亚光

印专色银

不干胶标签用色

正面
瓶贴材质：珠光膜
成品尺寸：125mm×85mm

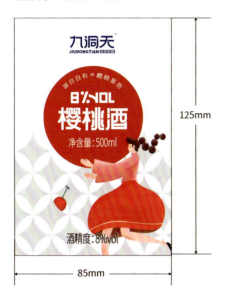

125mm

85mm

背面
瓶贴材质：珠光膜
成品尺寸：50mm×82mm

【品　　名】九洞天樱桃酒（发酵酒）
【产品类型】半甜型
【原　　料】樱桃、白砂糖
【食品添加剂】焦亚硫酸钾
【净含量】500ml　【酒精度】8%vol
【产品标准代号】Q/JDT 0001S-2021
【食品生产许可证编号】SC11552
【保质期】10年　【生产日期】见喷码
【贮存条件】避光,通风,5-25℃保存,有少量沉
淀不影响饮用
【生产商】大方县九洞天农业观光专业合作社
【地　　址】贵州省毕节市大方县
【服务热线】4001
【温馨提示】孕妇及哺乳期妇女、儿童禁止饮酒/
过量饮酒有害健康

82mm

50mm

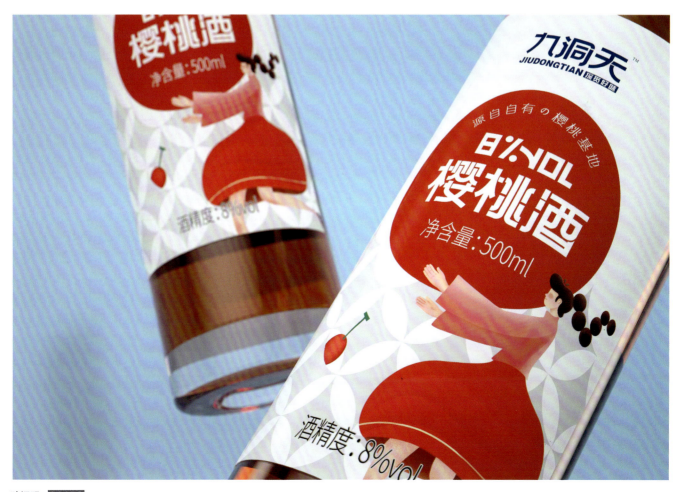

案例 17

康香圆浙礼香榧

设计说明

这款香榧礼盒主要用于送礼，所以把包装的主色调定为传统宫墙红，显得喜庆大气。包装周围的金色元素提炼自古代木箱子四周的铜部件，再加上一圈圆形铜钉，历史文化感就溢出来了。浙江食用香榧的习俗由来已久，包装上绘制了香榧产地浦江的标志性建筑：江南第一家和神笔马良的雕塑。挂在树上的香榧果和烤熟的香榧果可以直观地展示出产品特色。

材质、结构与印刷工艺

材质是 350 克白卡纸，盒型是天地盖，用四色胶印，覆亚膜。

设计师	贾丽芳
插画师	山东玉
效果图	陈佳伟
客　户	康香圆

盒型结构拆解步骤

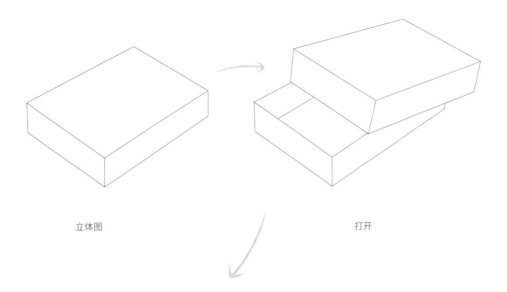

立体图

打开

展开图

外盒成品尺寸：330mm×254mm×85mm

专色： ▮ C8 M83 Y100 K0

所有金色为不垫白露金

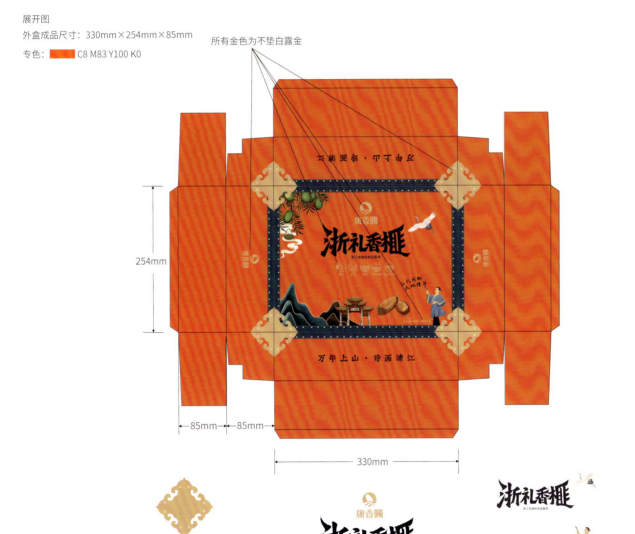

254mm

85mm 85mm

330mm

击凹凸圆点和金色花纹，不
印刷任何色彩

产品标识和产品名用击凹凸

以上元素做亮油，其余部位全部是亚油

案例 18

Clean One 球鞋清洗神器

设计说明

此款产品为球鞋专用清洗神器，针对目标消费人群打造年轻、时尚、潮流的风格。以用户的感受为首要出发点，直观呈现内容物。包装外观大面积镂空，产品信息可视化、插画艺术化，在说明产品功效的同时让消费者产生信赖感。配色上，灰、黑、蓝三色组合，视觉冲击力强，与其他竞品易区分开，经典的知更鸟蓝代表产品采用高科技原料护理球鞋。

材质、结构与印刷工艺

外盒材质是 350 克的银卡纸，覆亚膜。盒子局部模切挖洞。四色胶印，局部过UV。瓶贴材质是铜版纸不干胶，四色胶印。

设计师	杨雪蓉
插画师	山东玉
效果图	陈佳伟
客　户	西安卡瑞贝商贸有限公司

盒型结构拆解步骤

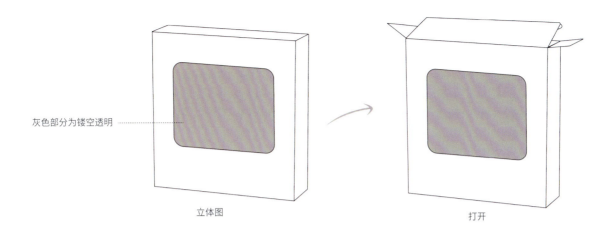

灰色部分为镂空透明

立体图   打开

包装展开图
尺寸：177mm×182mm×47mm（开窗尺寸：120mm×100mm）
材质：350 克银卡纸
专色：　　　　　　　　　　　　　PANTONE 319 C

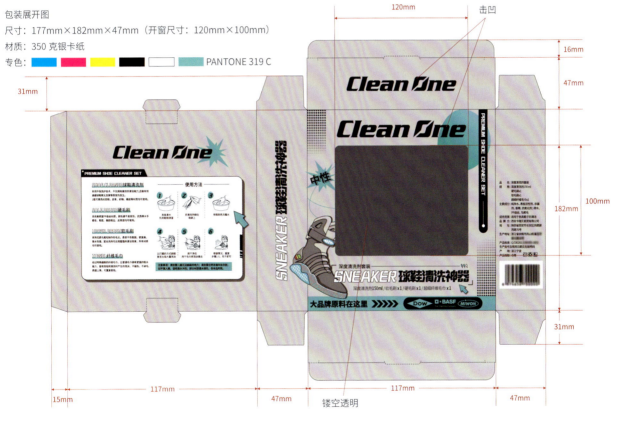

黑色部分过 UV

三维效果图

三维效果图

案例 19

Nasalean 鼻部冲洗器

设计说明

此款产品主要作用是清除鼻腔中的分泌物。插画绘制表现了人物使用产品后清爽的感官享受，人物在胸前手捧产品，使产品信息可视化，整个插画赋予了消费者情绪价值。黄色和蓝色是对比色，视觉冲击力强，上架效果好。

材质与印刷工艺

材质是 350 克白卡纸，四色胶印，满版用逆向油，局部用凹凸工艺。

设计师　林树年
插画师　山东玉
效果图　陈佳伟
客　户　广东省东莞市精确电子科技有限公司

盒型结构拆解步骤

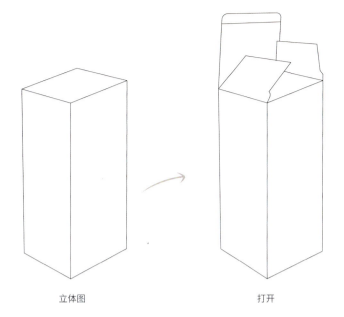

立体图　　　　　　　　打开

包装展开图
材质：350 克白卡纸（四色印刷）
工艺：印逆向油 + 做凹凸
专色：　■ PANTONE 2728 C　　■ PANTONE 2727 C
尺寸：75mm×175mm×60mm

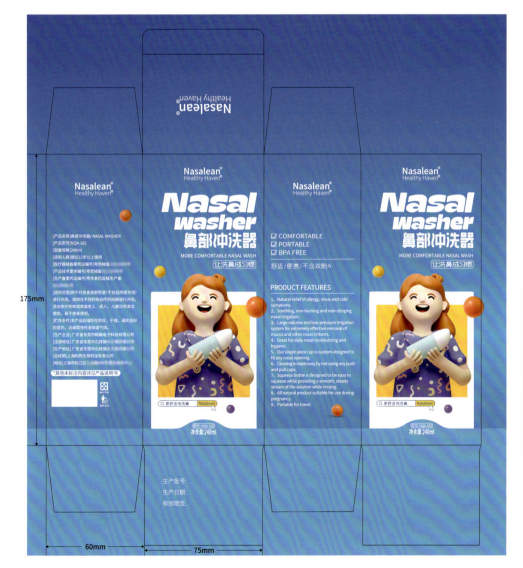

标识和产品名不印逆向油，
上亮油，黑色部分做击凸

卡通和圆球不印逆向油，上亮
油，黑色部分做击凸

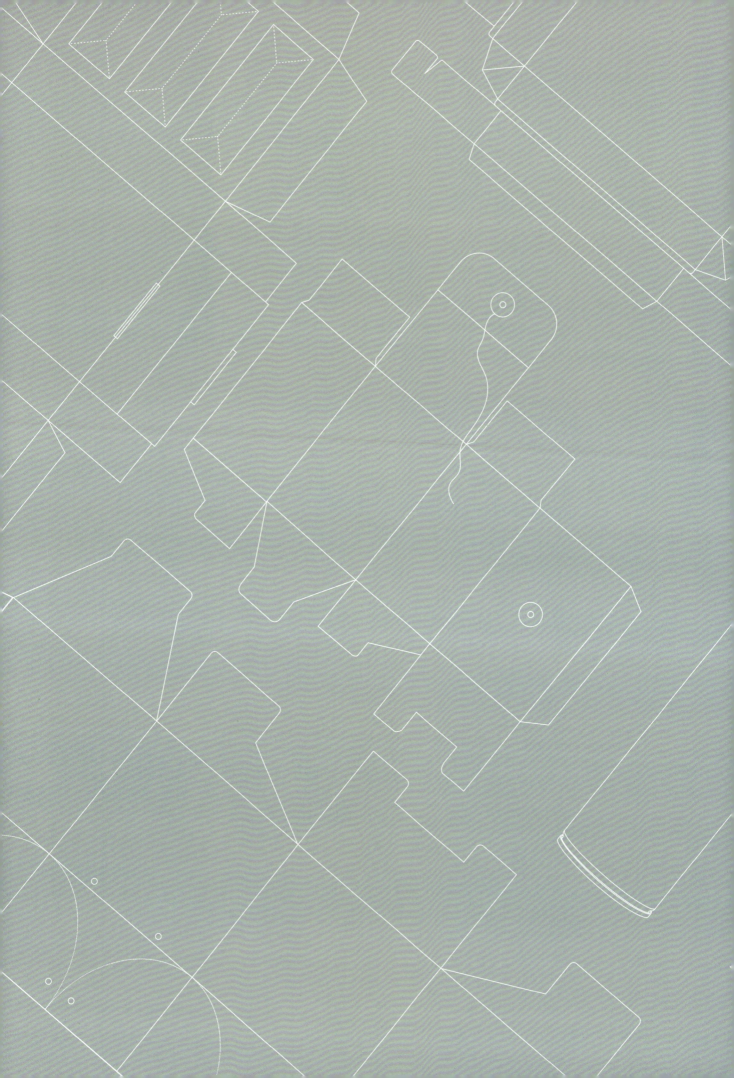

第 02 章

瓦楞纸盒

案例 20

脑细胞无糖型核桃乳

设计说明

市面上核桃乳品类的品牌非常多，包装盒画面多以核桃流出奶花为主，体现原料和质感。

脑细胞无糖型核桃乳另辟蹊径，采用趣味化的插画表达方式，体现了用脑人群的学习、工作等场景。孟菲斯插画风格符合年轻人的审美需求，也为他们提供了一种情绪价值。此外，0% 蔗糖是一个卖点，用图标的形式放大显示。

市面上常见的罐装或者盒装核桃乳，开封后必须一次性喝完，无法再次密封保存。本产品设计时，在传统易拉罐的基础上优化了封口形式，包装材料是可回收的马口铁材料，开封后还能重新拧紧，保存 1~2 天，而且不易倾洒，方便携带。

材质与印刷工艺

外包装盒是五层瓦楞纸裱印刷品，覆亮膜。

设计师 林树年
插画师 林树年
效果图 陈佳伟
客 户 盈养冠饮品（广州）有限公司

盒型结构拆解步骤

包装盒立体图

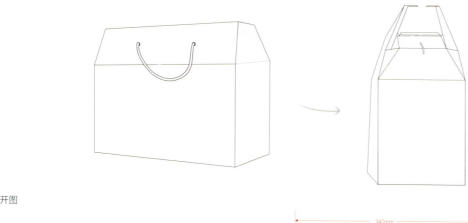

包装盒展开图

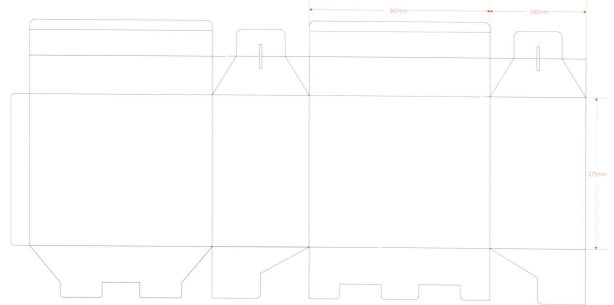

340mm　　180mm

275mm

工艺

专色: PANTONE 191 C

工艺: 满版逆向油

尺寸: 340mm×275mm×180mm

340mm　　180mm

275mm

罐子立体结构

罐子展开图

专色： ■ ■ ■ ■ □ ■ PANTONE 191 C

尺寸：165.5mm（长）×136.5mm（宽）

3mm出血线

案例 21
浙疆果阿克苏185纸皮核桃1

设计说明

这款礼盒的产品名为"阿克苏185纸皮核桃"，包装绘制了阿克苏核桃的生长环境，远处是天山，中景是河流、草原，近处是核桃树。其中马鹿和赤狐都是阿克苏当地的动物。核桃漂在河流上，女孩撑杆掌舵。还有一个女孩站在核桃树的叶子上，用杆子敲击成熟的核桃果。场景中的人物比核桃还小，是一种夸张的艺术表现手法，通过制造与现实的反差，营造自然的强大力量。该产品的核心卖点"鲜"用印章的形式进行展示。标识、产品名、卖点、味型等，用色块进行归纳，使其能在杂乱的背景上突出显示。

材质、结构与印刷工艺

材质是三层瓦楞纸裱300克白卡纸，覆亚膜。运输箱的箱型。四色胶印。

设计师	彭涛
插画师	罗娇
效果图	陈佳伟
客 户	阿克苏浙疆果业有限公司

盒型结构拆解步骤

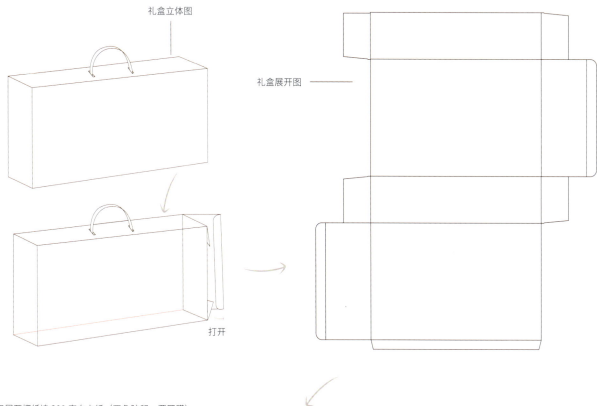

礼盒立体图

礼盒展开图

打开

礼盒材质：三层瓦楞纸裱 300 克白卡纸（四色胶印，覆亚膜）
尺寸： 380mm（长）×250mm（高）×100mm（厚）

塑料提手打孔位置

案例22

浙疆果阿克苏185纸皮核桃2

设计说明

浙疆果地处新疆阿克苏，是一家致力于核桃标准化生产的农产品精深加工企业。我们为核桃系列产品确定了品牌色——蓝色，包装主色调用该颜色。这款产品是供应B端（商家平台）的，所以设计风格要简洁、大气。产品名由地域（阿克苏）和品类（185纸皮核桃）组成。表现生长环境及加工的文字比较小，排列在旁边比较精致。产品卖点是"鲜"和"只做当季鲜货"。包装的3个面都体现了"鲜"，以重复的方式加深印象。嫩绿色的"鲜"字在深蓝色的背景上形成一定的反差效果，整体又能和谐统一。

材质、结构与印刷工艺

这种箱子被称为"彩箱"。材质是三层瓦楞纸覆200克白卡纸并覆亚膜。盒型结构是对开门，需要配合胶带使用才能封口和运输。

设计师 彭涛
插画师 罗娇
客　户 阿克苏浙疆果业有限公司

盒型结构拆解步骤

包装立体图

包装展开图

塑料提手打孔位置

尺寸：280mm（长）×170mm（宽）×130mm（高）

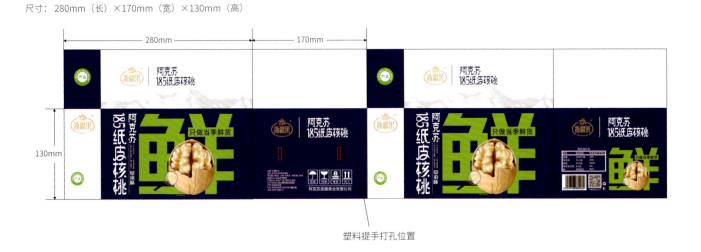

280mm

170mm

130mm

塑料提手打孔位置

案例 23

龙泉驿水蜜桃

设计说明

龙泉驿水蜜桃在明崇祯年间就开始种植，我们绘制了手捧水蜜桃的明代美女，体现了悠久的历史和文化传承。主色调采用粉色系，可以很好地体现桃子的产品属性，并且点缀少量的绿色。桃树、山石、桃花、流水等是从龙泉驿区的景色中提炼的。既古香古色，又艳丽新潮，是此包装想要传达给消费者的感觉。

材质、结构与印刷工艺

材质是三层瓦楞纸并覆亮膜。盒型结构是一纸成型的飞机盒。

设计师 林树年
插画师 山东玉
效果图 陈佳伟
客　户 桃园义

盒型结构拆解步骤

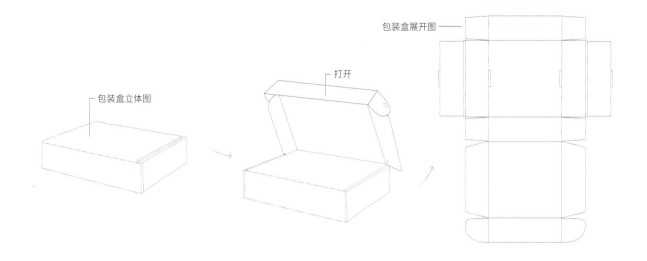

包装盒立体图

打开

包装盒展开图

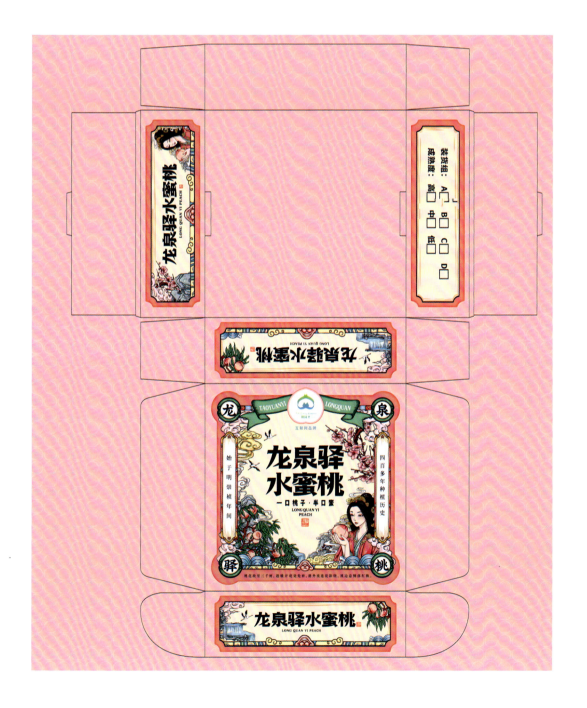

案例 24

巅峰牛道

设计说明

巅峰牛道的牛肉产自欧洲。包装主要形象提取自牛头部分，以欧洲中世纪插画形式来表现。鲜明霸气的牛头图形作为礼盒的主要视觉元素，营造出高级经典欧式的品牌调性，让消费者眼前一亮。这款包装做到了包装调性与同类产品的差异化。

材质、结构与印刷工艺

材质是三层瓦楞纸裱 200 克白卡纸，四色胶印，覆亚膜。盒型结构是顶部对开门平顶盒。

设计师 贾丽芳
插画师 山东玉
效果图 陈佳伟
客　户 巅峰牛道

盒型结构拆解步骤

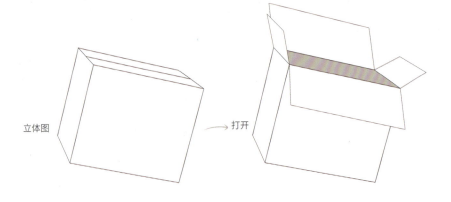

立体图　　　　　　　　→　打开

材质：三层瓦楞纸裱 200 克白卡纸
尺寸：360mm×300mm×250mm
颜色：　　　　烫亚金
备注：此文件仅为设计文件，非最终文件

360mm

250mm

360mm

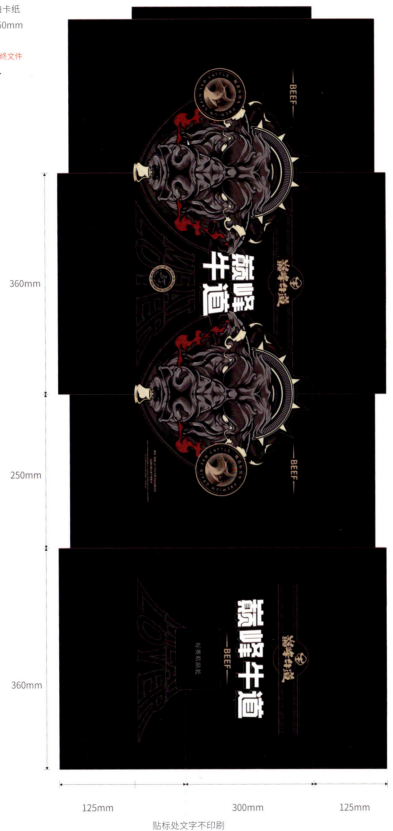

125mm　　　　　300mm　　　　　125mm

贴标处文字不印刷

案例 25

资州仔麻辣兔丁

设计说明

四川资中，人们特别喜欢吃兔子，连火锅都是兔子火锅。麻辣兔丁是四川资中当地的特色美食。资州仔的卡通 IP 形象将品牌人格化。麻辣兔丁外盒采用一纸成型的盒型结构，不粘胶，顶部直接模切出提手，非常环保。里面的罐装也可以单独销售。这款产品获得了资中县"首届网货包装文化创意设计大赛"金奖。

包装上，产品名"麻辣兔丁"采用书法字，传统又有张力。麻辣兔丁产品的拍摄效果看起来很有食欲。局部的嫩绿色色块与产品颜色形成色差，整体显得很有自然活力。

材质与印刷工艺

材质为三层瓦楞纸裱白卡纸，覆亚膜。四色胶印。

设计师 贾丽芳

客　户 四川资州仔食品有限公司

案例 26
资州仔兔子面

设计说明

据说，在那座历经千年的资州古城，年轻人喜欢离家去远方闯荡、寻梦。每年春节的时候，这些游子都会回到四川资中，吃家乡的兔子面。基于寻梦精神和候鸟恋家的混合体质，品牌创始人用"资州仔"命名这群"仔"们，致力于创造能够带走的家乡美食特产，让一碗面装入"仔"们离家的行囊。

包装上用了复古的卷轴效果，把产品名和其他文字放上去，体现出兔子面的文化底蕴。实拍的兔子面图片让人充满食欲，勾起游子的思乡之情。右上角加了一个金色承诺图标，让消费者放心购买。

2015 年产品一上市就引发购买热潮。

材质、结构与印刷工艺

材质是三层瓦楞纸，覆亚膜。盒型结构是屋顶盒。四色胶印。

设计师 贾丽芳
客　户 四川资州仔食品有限公司

盒型结构拆解步骤

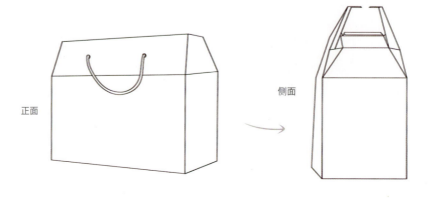

正面　　　　　　　　　　　侧面

案例 27
南方黑芝麻中老年健康大礼

设计说明

南方黑芝麻是老品牌。这款中老年健康大礼礼盒包装，从情感和中老年人的幸福生活入手，用扁平的画风和整体外形表现中国风，其中使用中式灯笼轮廓，里面表达了中老年群体在生活中的各种状态，有运动的、有和老伴遛狗的、有跳舞的等，这种日常化生活状态既有生活气息又有人情味，可以达到引起购买欲望、促进销售的目的。

材料、结构和印刷工艺

材质是三层瓦楞纸裱铜版纸，四色印刷，覆亚膜。盒型结构顶部是双层插舌提绳盒，底部是 123 底。

设计师 彭涛
插画师 罗娇
效果图 陈佳伟
客 户 南方黑芝麻集团股份有限公司

盒型结构拆解步骤

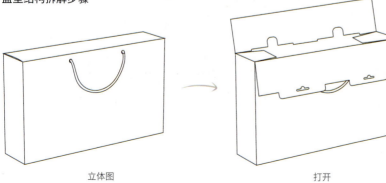

立体图　　　　　　　　　　打开

展开图

四色胶印 +3 个专色

■ PANTONE 1788 C
■ PANTONE 554 C
■ PANTONE 713 C

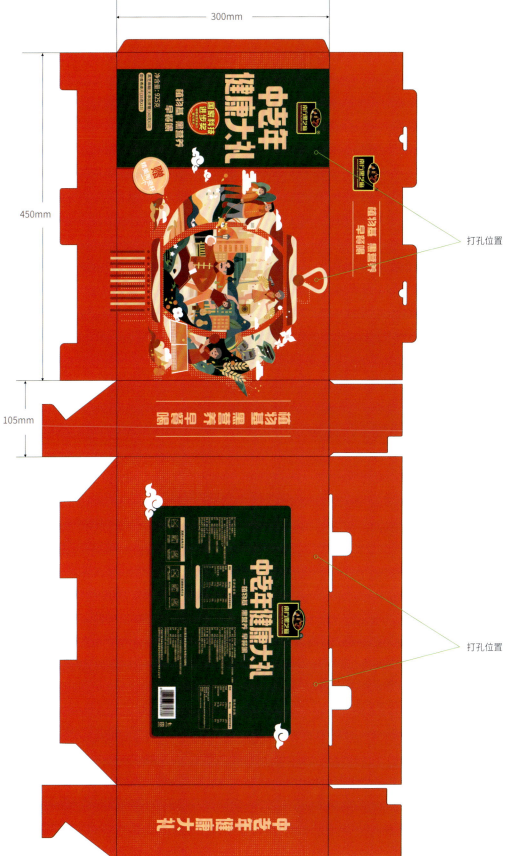

300mm

450mm

105mm

打孔位置

打孔位置

案例 28

品味羚城黑木耳

设计说明

品味羚城干货来自甘肃甘南，其主营甘南高原土特产——山珍干货，甘南地区别称羚城。我们创作了一幅羚羊与山野结合的插画，突出原生态、自然感。羚羊化身为山野，羚羊角长了木耳，一只小鸟站在角上，突出环境的优势。整个画风体现浓郁民族风情，凸显地域特征。该礼盒为通用礼盒，蓝色圆形不干胶印有专门设计的书法字，不干胶随用随贴，可使包装盛放不同的产品。

材质、结构

材质是三层瓦楞纸覆亮膜。盒型结构是一纸成型的飞机盒。

设计师　彭涛
插画师　罗娇
效果图　康耀文
客　户　甘南九曲电子商务有限责任公司

盒型结构拆解步骤

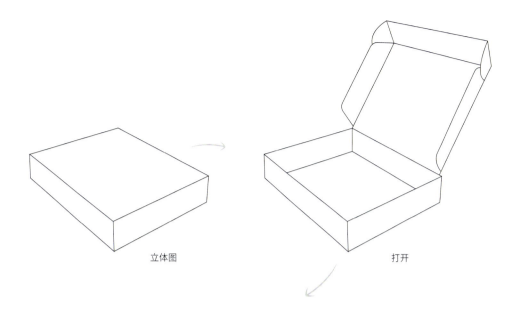

立体图　　　　　　　　　　　　　　　　打开

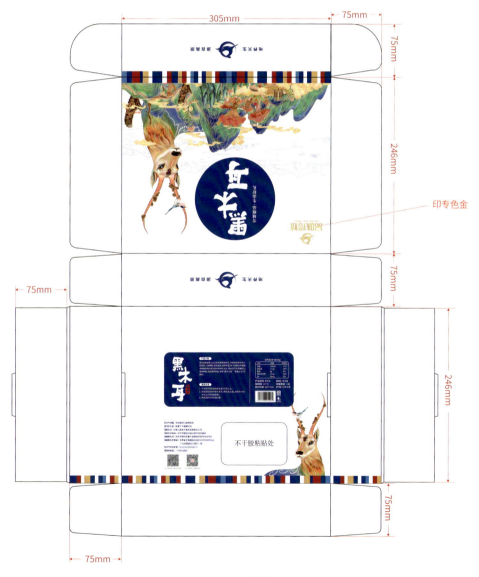

305mm　　　　75mm

75mm

246mm

印专色金

75mm

75mm

246mm

不干胶粘贴处

75mm

75mm

展开图

案例 29

牧同黄花牛奶

设计说明

此款产品是牧同开发的新产品。黄花是山西大同的特产。品牌的背后是品类，品类的背后是文化，文化的背后是美学，美学的背后是五感。包装策略是借助山西大同地域文化的力量，激发大众对山西大同的熟悉效应，让品牌在其中发力。整体包装画面围绕原材料黄花及大同地域元素，适当留白，让画面更透气，呈现出奶香环绕的感觉。产品信息文字居中处理，层级分明，效果醒目，整体显得和谐精致，于细节之处凸显品质。

材质、结构与印刷工艺

牛奶箱的材质是三层瓦楞纸裱 250 克白卡纸，覆亚膜。盒型是飞机盒。200mL牛奶包装是利乐包装。同类产品黄花酸奶罐身是淋膜纸，盖膜是复合的，里层为 PE，外层为纯铝。

设计师 彭涛

插画师 罗娇

效果图 陈佳伟

客　户 大同市牧同乳业有限公司

盒型结构拆解步骤

立体图　　　　　打开

黄花牛奶礼盒

材质与工艺：双层瓦楞裱 250 克白卡纸＋覆亚膜＋过 UV ＋击凸

颜色：■ PANTONE 873 C　■ PANTONE 2268 C

尺寸：438mm×320mm×70mm

此打孔位置仅作参考，以工厂刀模为准

黄花牛奶

黑色部分做击凸（示意图）

黑色部分过 UV（示意图）

实物照片

黄花牛奶盒

黄花酸奶杯身

颜色: ■ PANTONE 873 C ■ PANTONE 2268 C

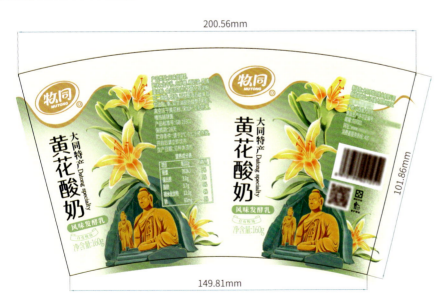

案例 30
一包营养 ONEPACK

设计说明

一包营养 ONEPACK 是一个来自加拿大的客户。该公司开发了一个小程序，每个人可以进入小程序对自己的健康状况进行测试，了解自己的身体缺少哪些微量元素，然后医生会根据测试情况开出维生素、DHA、钙、铁、锌等非处方类营养补充剂，并通过快递把产品寄到消费者手中。一个礼盒里面装了 3 个小盒，就是三个月的疗程。设计师在创作的时候了矢量插画，使用了蜜蜂、柠檬、小鸟、时钟等元素，以传达 ONEPACK 的产品和服务。该品牌给人轻松和人性化的感觉，而不是冷冰冰的医疗感。

材质、结构与印刷工艺

外盒材质为白色三层瓦楞纸，盒型结构是一纸成型的飞机盒。内盒的材质是400 克白卡纸。四色胶印覆亚膜，局部过 UV。

设计师　贾丽芳
效果图　陈佳伟
客　户　一包营养 ONEPACK

包装盒平面展开图

1. 外面

尺寸：371mm×258mm×80mm（尺寸为预估，需根据瓦楞纸厚度和打样效果进行实际调整）

材质：白色三层瓦楞纸，双面裱印刷品（品牌色单色水印）

2. 里面

尺寸：371mm（长）×258mm（宽）×80mm（高）（尺寸为预估，需根据瓦楞纸厚度和打样效果进行实际调整）

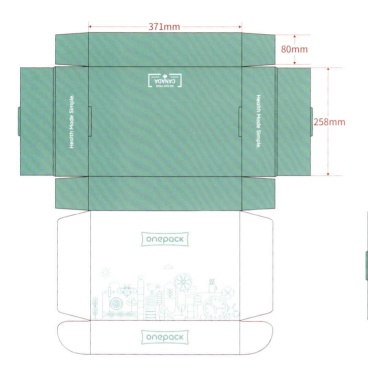

3. 包装盒内部托盘

尺寸：根据外盒尺寸及打样效果调整

材质：白色三层瓦楞纸，单面裱印刷品（品牌色单色水印）

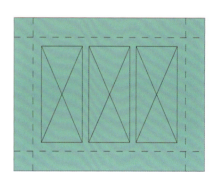

包装立体结构图

打开

立体图

盒装抽拉盒展开图

托盘

尺寸：根据外盒尺寸及打样效果调整

材质：白色三层瓦楞纸，单面裱印刷品（品牌色单色水印）

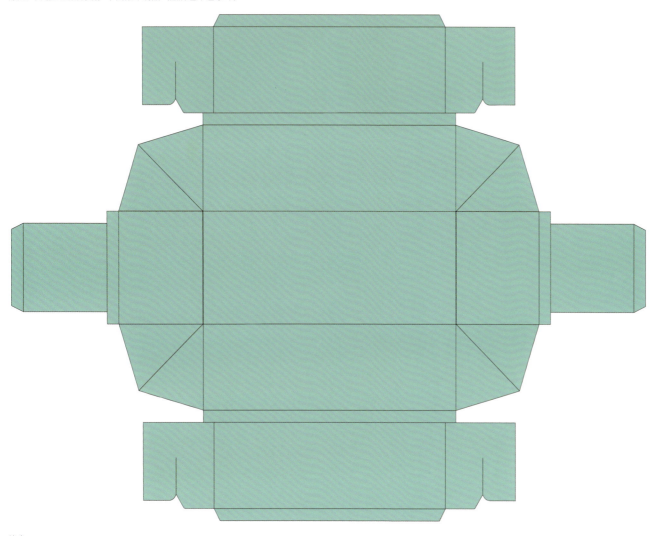

外盒

材质：400 克白卡纸覆触感膜，正面 Logo 和插画过 UV

尺寸：97mm×218mm×75mm

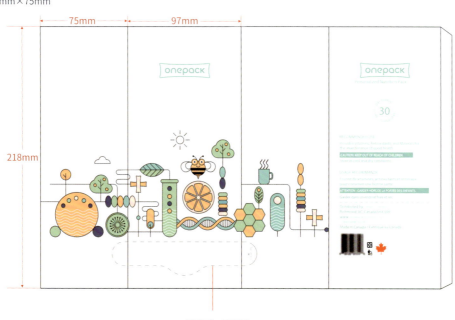

模切线，不印刷

案例 31
老金磨方金情端午

设计说明

金情端午礼盒包装延续了老金磨方品牌的中式复古风格。将粽子的原料用插画表现出来，可突出产品的自然属性。桌子、茶壶等搭配，使产品显得更加温馨，有节日气氛。采用楷体的字体和下面的田字格体现了中国的传统文化。包装侧面把每种粽子的口味用插画表现出来，一目了然地展示了产品的特点。整个设计有情趣和设计感。

材质与印刷工艺

材质是三层瓦楞纸裱铜版纸，覆亚膜，四色印刷。

设计师 贾丽芳
效果图 黄冬婷
客　户 杭州老金食品有限公司

第03章

塑料袋

案例 32

禧月坊火锅粽

设计说明

火锅粽是禧月坊新研发的川式特色粽子，将其命名为"热辣出粽"，突出火锅热辣奔放的感觉。包装主色调采用橙色，与黑色对比鲜明，形成强烈的视觉冲击力。一盆泼洒而下飞溅的红油，搭配充满食欲的粽子插画，麻辣鲜香，刺激味蕾。端午自古有划龙舟的习俗，一条盘踞在粽子后的龙，做出喷火的姿态，突出产品的味型特点。"C味当道自然出粽"广告语很好地突出了产品特点，又有美好的寓意，符合当下年轻人多元趣味的审美特点。

材质

里层为 PE，中间为镀铝，表层为 PET，总厚度 15 丝。

设计师 林树年
插画师 罗娇
效果图 陈佳伟
客　户 成都市新都区冠生园食品有限责任公司

袋型结构拆解步骤

颜色： ■ ■ ■ ■ ■ 专橙

正面

背面

案例 33

恒星牌豆瓣酱

设计说明

目前市面上的豆瓣酱大都采用塑料罐装的包装形式，设计风格都是传统的大红色，货架陈列效果千篇一律。罐装豆瓣酱，需要用勺子舀取，用完还要洗勺子，比较麻烦。尤其是产品剩余较少时，取用十分不方便且容易弄脏手。包装用 3 种主色调和不同的制酱场景插画区分产品的味型。产品名用手写书法字来体现传统工艺。独特的配色比同类产品的大红色更新颖，货架陈列效果佳。

结构

在包装形式方面做了改进，摒弃罐装，选用挤挤袋，随挤随用，方便卫生。相比于传统罐装的豆瓣酱，挤挤袋的形式更容易将里面的产品使用干净，减少浪费。

设计师　彭涛
插画师　罗娇
效果图　陈佳伟
客　户　四川恒星食品有限公司

袋型结构拆解步骤

尺寸： 120mm×185mm

颜色：

收腰宽度为 100mm

圆孔直径 8mm
（不打穿）

18mm

8mm
8mm

185mm

6mm   6mm

120mm

收腰宽度为 100mm

圆孔直径 8mm
（不打穿）

18mm

8mm
8mm

185mm

6mm

120mm

案例 34
思奇香手撕牛肉

设计说明

思奇香是川内特色牛肉干品牌，以手撕牛肉著称，本次设计的包装主要在电商渠道销售，每款包装上的彝家女孩是其品牌的超级符号。根据原有人物形象，进行重新塑造，并结合趣味十足的文案——"百思不得奇解 我就是撕起更香"，体现不一样的生活态度。整体包装采用色块切割的方式，使视觉更聚焦，也更便于口味延展。

材质、结构与印刷工艺

外袋的材质是三层复合，外层为PET，中间层、里层为PE。袋型是自立袋。印刷工艺用了印亚油。

设计师　彭涛
插画师　罗娇
效果图　陈佳伟
客　户　西昌思奇香食品有限责任公司

颜色：

258mm

348mm

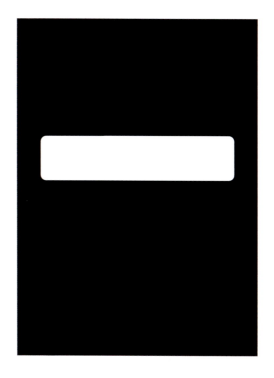

黑色部分印亚油　　　白色部分不印亚油

案例 35
欧嘉虎皮凤爪

设计说明

虎皮凤爪的主要目标消费人群是以"Z 时代"人群为主的年轻女性。包装设计采用黑白漫画的形式来呈现目标消费人群的生活方式。教室、书桌、夸张的姿态和表情，都呈现了一种社交属性和情绪价值。充满食欲的产品照片，在黑白漫画的衬托下更加有跳出感和视觉冲击力。周围放射状的线条让画面呈现出很强的动感。不同的产品用不同的色彩，让包装更符合味型的感受，比如烧烤味是橙色，泡椒味是嫩绿色，柠檬味是黄色，香辣味是大红色。

材质、结构与印刷工艺

袋子的材质是三层复合，里层为 PE，中间层为镀铝，表层为 PE。袋型是八边封。印刷工艺是局部印亚油，让袋子呈现亮亚结合的效果。

设计师　彭涛
插画师　朱麟
效果图　陈佳伟
客　户　南京欧嘉食品科技有限公司

袋型结构拆解步骤

颜色：　　　　　　　　　　　　专橙1　　专橙2　　专黄
尺寸：200mm × 280mm

黑色区域上亚油

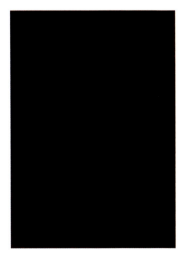

正面　　　　　　　　　　　　背面

案例 36

郭大良心豆腐干

设计说明

郭大良心豆腐干起源于清朝,是四川省老字号和非物质文化遗产。这款豆腐干包装的销售渠道是旅游特产。设计中保留了原有的品牌资产:品牌色,即深咖啡色和米黄色。绘制郭大良心豆腐干百年老店的门头,体现了品牌的历史传承性。将郭大良心豆腐干的第二代传承人郭老黑绘制成卡通形象,体现品牌差异化的同时也可以延续到其他产品上。手工卤豆腐干的场景将生产流程可视化,增强了消费者的信任度。一只手举起两片豆腐干,让人很有食欲。包装背面将品牌的百年故事用漫画的形式绘制出来,作为有理有据的信任背书。

材质与印刷工艺

材质是三层复合,表层为 PET,中间层为白牛皮,内层为 PE。印刷工艺为局部印亚油。

设计师　彭涛
插画师　山东玉
效果图　陈佳伟
客　户　宜宾市南溪区郭大良心食品有限公司

颜色：  专黄

白色部分印亚油，黑色部分不印亚油

案例 37
沐汐芷棉柔洗脸巾

设计说明

市面上大部分棉柔巾的品牌风格都是简约国际范。沐汐芷作为全新的棉柔巾品牌，目标群体是 14 ～ 35 岁的女性。第一款棉柔巾的包装要奠定品牌的调性和视觉风格，与同类产品做出差异化。随着中国的崛起，以及消费者对国货的认可，设计时应站在中华优秀传统文化这个巨人的肩膀上，让品牌起步就有台阶。"沐汐芷" 3 个字从字面意义上理解，是一个具有中国传统韵味的女孩名字，所以把沐汐芷设计为穿着汉服的卡通人物。品牌色是墨绿色，辅助色是草绿色。女孩和桃花的画风都是国画水墨风，清新舒适感符合产品属性。此产品包装的颜值就是竞争力。

材质

袋子的材质是 EVA，比较柔软，具有一定的延展性。

设计师 彭涛
插画师 山东玉
效果图 陈佳伟
客　户 仙桃威尔美德防护用品有限公司

袋型结构拆解步骤

.... 红色虚线代表折叠，不印刷 ....

264mm

粘口 35mm

穿绳孔36mm

218mm

122mm

218mm

粘口 35mm

案例 38

COCOYO 宠物纸尿裤

设计说明

宠物纸尿裤是一款清洁用品，包装主色调选用明度较高的浅蓝色系，辅助色用橙色和粉色等。产品名的背景是一根骨头，具有趣味性。画面的主体是一只穿着纸尿裤正在玩滑梯的比格犬，旁边是球和飞盘等训导用具，传达出了品牌理念：让宠物和主人更快乐。这样的场景容易让狗主人联想到自己的爱犬正在无忧无虑地玩耍，从而产生购买行为。

材质

袋子的材质是 PE，具有一定的延展性。

设计师	彭涛
插画师	山东玉
效果图	陈佳伟
客　户	芜湖悠派护理用品科技股份有限公司

袋型结构拆解步骤

尺寸：180mm×130mm×100mm

颜色：  PANTONE 2707 C

立体图

展开图

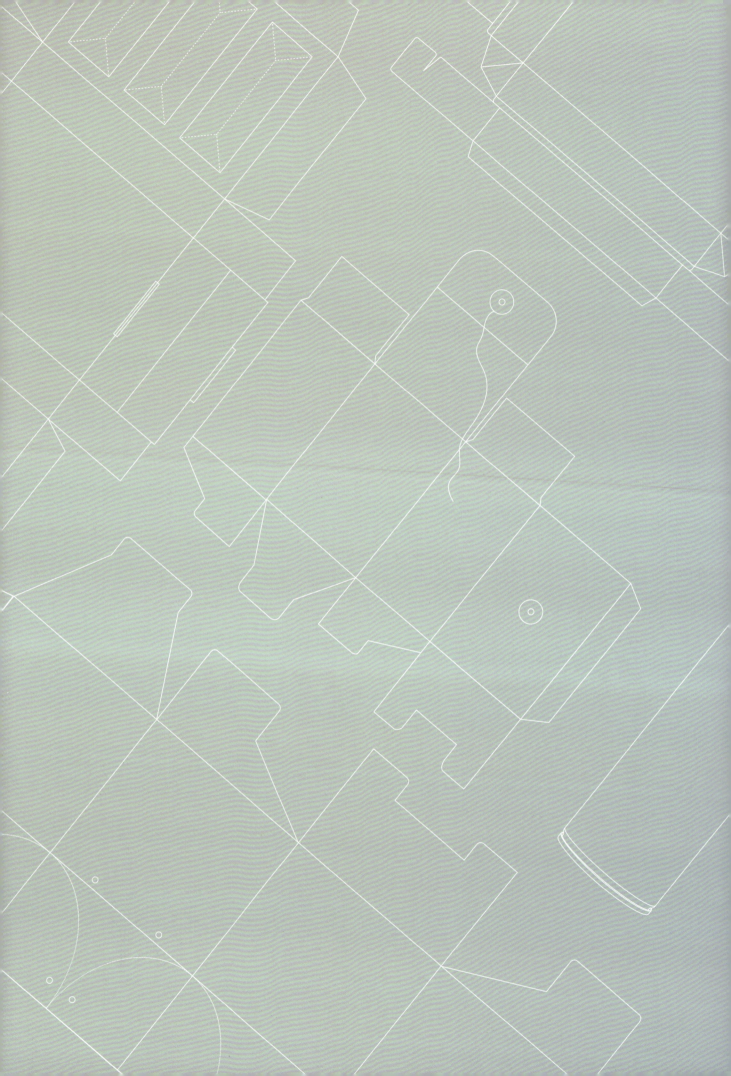

第04章

精装盒

案例 39

忠宝雪蛤

设计说明

雪蛤是贵重的滋补品。包装用线描插图绘制出东北林蛙的生活环境，东北林蛙在地上跳跃，空中飞着中华秋沙鸭。少女坐在树枝上、叶子上，暗示着产品对女性的功效。产品名"雪蛤"的字体设计圆润、隽美、有品质感。因产品售价比较贵，包装采用了精装盒的包装形式。外盒是左右抽拉式的，层层开启，体验感良好。

材质、结构与印刷工艺

材质是 2mm 厚中纤板裱白卡纸，覆触感膜。外盒是左右抽拉的形式，内盒盖子上的花瓣造型裱了多层 400 克白卡纸，并在上面烫亚银，烫出产品名。衬纸是硫酸纸印专色银。内托是 350 克白卡纸并折叠。内袋的材质是三层复合，内层为 PE，中间层镀铝，表层为 YOPP。

设计师 彭涛
插画师 山东玉
效果图 陈佳伟
客　户 铁力市忠宝林蛙养殖农民专业合作社

盒型结构拆解步骤

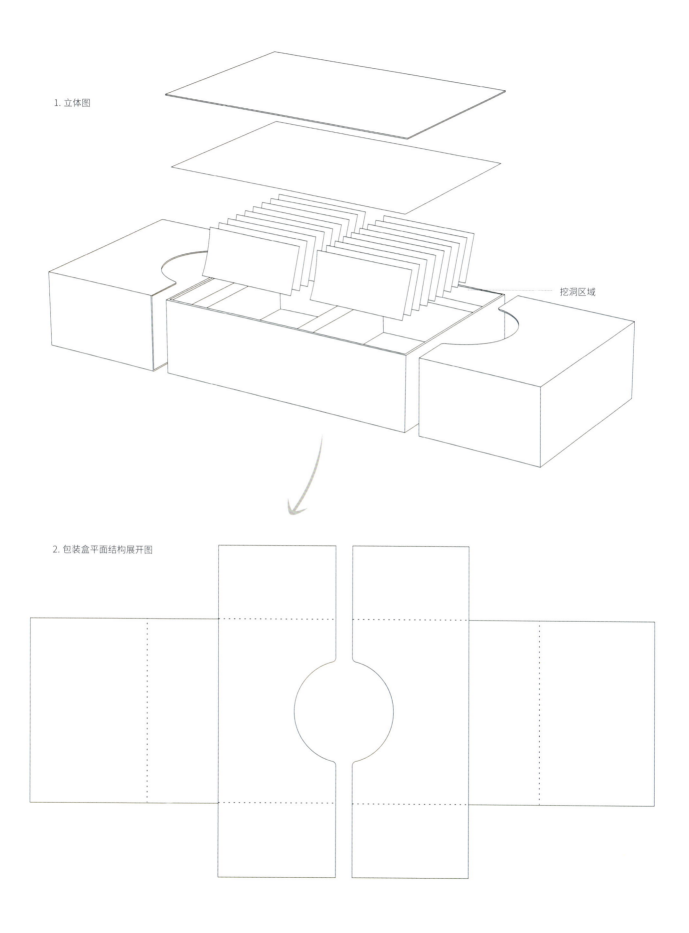

1. 立体图

挖洞区域

2. 包装盒平面结构展开图

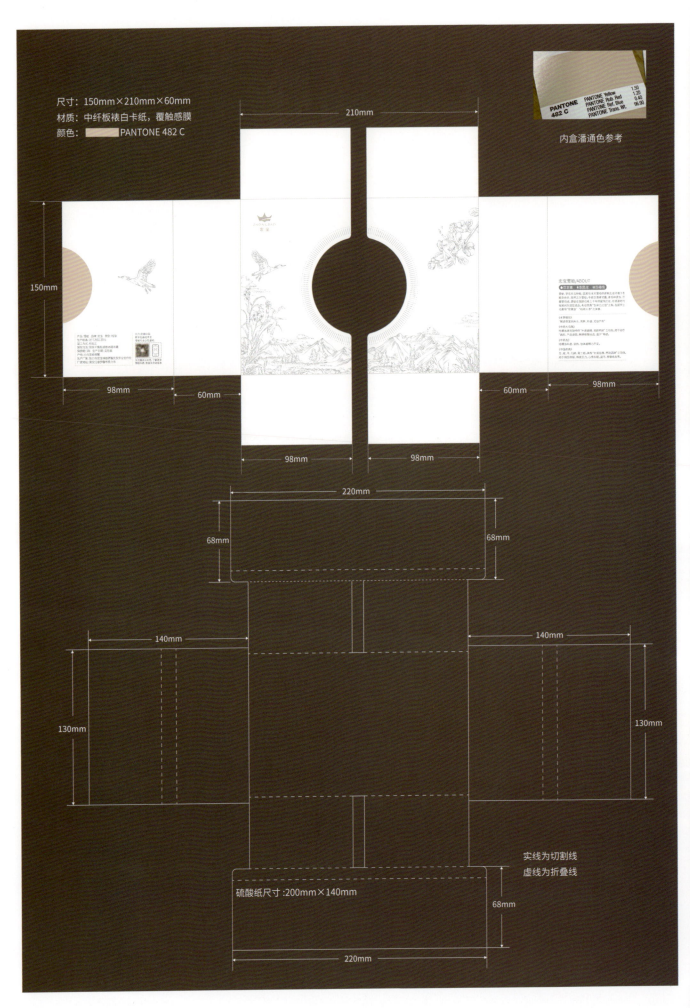

尺寸：150mm×210mm×60mm
材质：中纤板裱白卡纸，覆触感膜
颜色：　　　PANTONE 482 C

内盒潘通色参考

210mm

150mm

98mm　60mm

98mm　98mm

60mm　98mm

220mm

68mm　68mm

140mm　140mm

130mm　130mm

实线为切割线
虚线为折叠线

硫酸纸尺寸：200mm×140mm

68mm

220mm

114

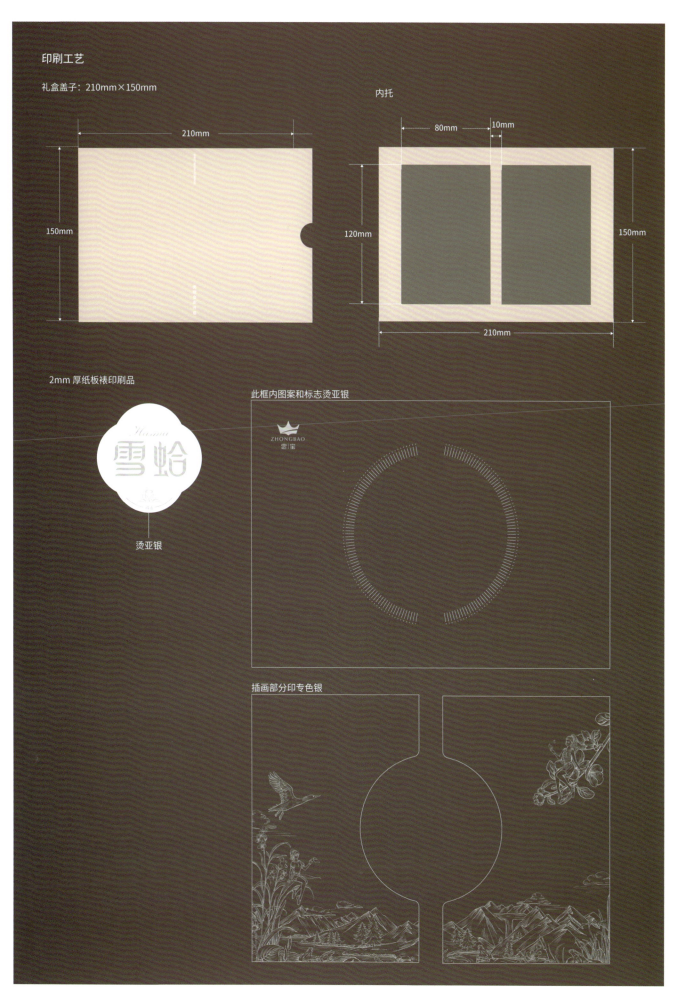

印刷工艺

礼盒盖子：210mm×150mm

内托

2mm 厚纸板裱印刷品

烫亚银

此框内图案和标志烫亚银

插画部分印专色银

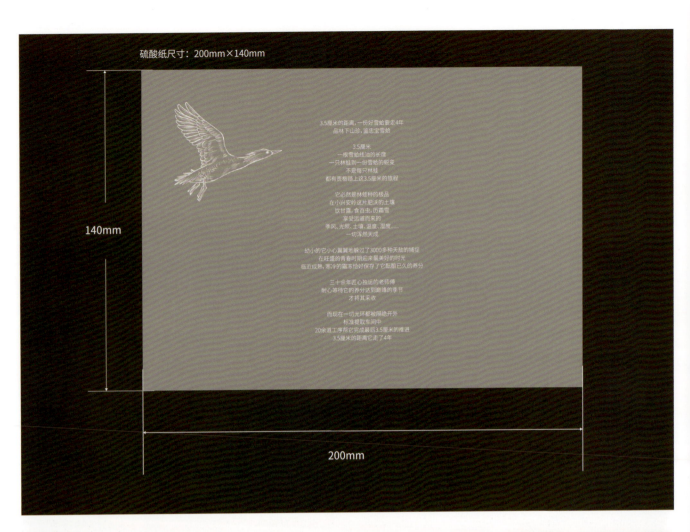

硫酸纸尺寸：200mm×140mm

140mm

200mm

案例 40
仙虹白酒

设计说明

水乃酒之魂，水纯则酒甘。荣县地处长江上游，川南圣地自贡，低山丘地貌聚集了来自沱江、岷江水系的大小河流，水质很好，适宜酿酒。仙虹插画的底部绘制了水浪，代表荣县的大小河流；水面上仙鹤单足而立，展翅昂首。仙鹤自古就是福鸟，具有吉祥的寓意。水浪、仙鹤、酿造白酒的原料高粱，以及祥云、太阳相互穿插，融为一体，呈现半圆形的弧度。"仙虹"的字体为楷体，字体的粗壮与图形的细腻形成了强烈对比。整个包装厚重而大气，极具美感。

材质与印刷工艺

材质是 2mm 厚中纤板裱银卡纸，四色胶印，满版用逆向油。瓶盖上的金色字是丝印。瓶身图案为烤花工艺。

设计师 彭涛

插画师 罗娇

效果图 陈佳伟

客 户 自贡荣州青云酒业有限公司

盒型结构拆解步骤

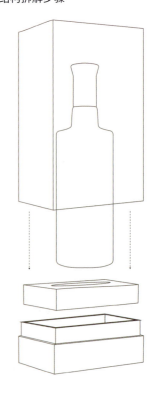

酒盒

140mm

130mm

300mm

130mm   140mm   130mm   140mm

瓶盖   瓶身

印金

蓝色
PANTONE 661 C   40mm

7mm
9.3mm   55mm

印金

印金

印金

119

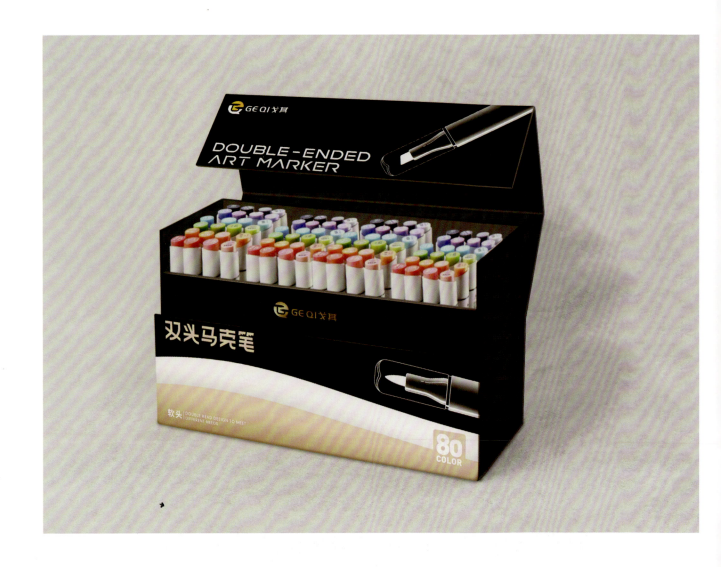

案例 41
戈其双头马克笔

设计说明

这款产品的消费人群是以学生、美术绘画者为主的年轻人。包装设计选用年轻、时尚、简约的风格。配色以黑色和浅驼色为主，视觉冲击力强，能够彰显品质感，也能区别于其他竞品。包装正面设计构图是流畅的弧面，体现出产品使用时的流畅顺滑，通过图案传达了使用感。这款马克笔的特色是"双头"，提炼产品造型，采用简洁的线条勾勒产品外轮廓，用渐变增加质感。包装顶部展示了80种颜色，非常直观，方便消费者选购。

材质与印刷工艺

中纤板裱白卡纸，覆亚膜，四色胶印，产品名和顶面马克笔颜色过 UV。

设计师 林树年
客 户 戈其

成品尺寸：298mm×104mm×184mm

标识和
产品名过 UV

所有圆圈过 UV

烫亚金

产品名过 UV

案例 42

爸爸糖情臻意粽

设计说明

此款产品为爸爸糖粽子礼盒包装，这是一场具有华夏情怀的端午节文化礼。以端午之名，一起领略来自千年前的文化礼遇。包装设计立足于"端午"，深入发掘中国传统节日文化底蕴，提取传统文化中的赛龙舟作为画面主元素。人物为一家三口，赛龙舟、舞旗帜、击鼓，形成爸爸糖独有的视觉语言。

材质、结构和印刷工艺

材质是 2mm 厚工业纸板裱 200 克白卡纸，覆亚膜，盒型结构是天地盖。局部烫亚金。

设计师	贾丽芳
插画师	陈吉辉
效果图	陈佳伟
客　户	江苏爸爸糖贸易有限公司

盒型结构拆解步骤

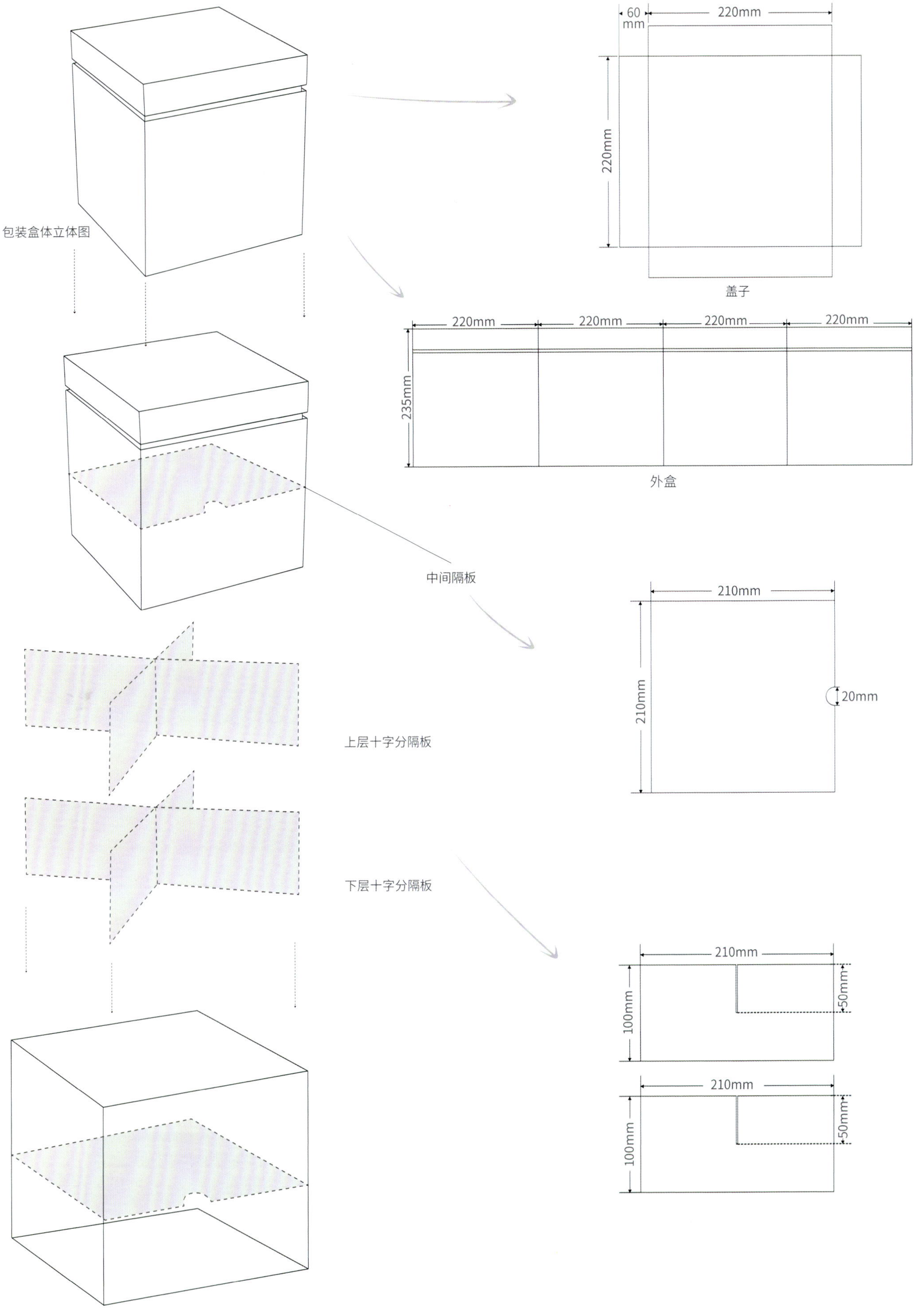

包装盒体立体图

60
mm
220mm

220mm

盖子

220mm 220mm 220mm 220mm

235mm

外盒

中间隔板

上层十字分隔板

210mm

210mm

20mm

下层十字分隔板

210mm

100mm

50mm

210mm

100mm

50mm

盒型结构拆解步骤

盖子

材质：2mm 工业纸板裱 200 克白卡（四色印刷，覆亚膜）

工艺：Logo 烫亚金

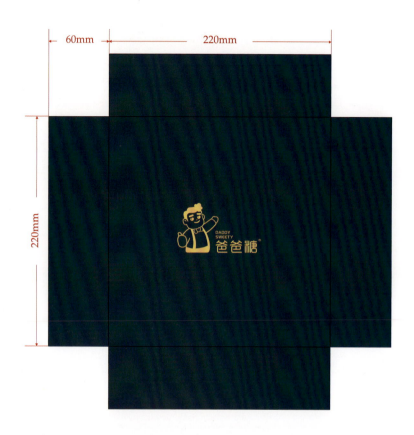

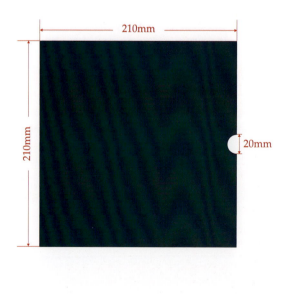

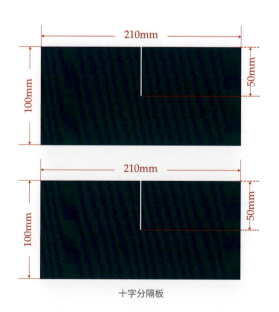

十字分隔板

盖子

材质：2mm 工业纸板裱 200 克白卡（四色印刷，覆亚膜）

工艺：Logo 烫亚金

外盒

材质：2mm 工业纸板裱 200 克白卡（四色印刷，覆亚膜）

颜色： ███ PANTONE 3025 C

工艺：品名和 Logo 烫亚金

案例 43

浙疆果阿克苏黑金核桃糕

设计说明

这款产品的品名叫阿克苏黑金核桃糕。因为枣泥的颜色接近黑色，所以包装的背景色以黑色为主色调，体现高级感。为了避免黑色的沉闷，产品名区域用了白色块，其他区域点缀了红、橙、蓝、金以及少量的绿色，这样就很有新疆的地域特色了。整体构图左右对称，标识、产品名和产品图片居中。插图是扁平风加边线的装饰性图案，其中骑着马鹿的新疆小女孩、枣树下的一罐蜂蜜，以及远处的天山，营造出场景感和故事性。左上角的枣和右上角的核桃，将产品的主要原料体现了出来。整个包装跟同类产品包装形成了很大的差异化。

材料和印刷工艺

盒子的材质是 2mm 厚纸板裱 157 克铜版纸。盒型结构是抽拉盒。封套为 400克铜版纸，四色胶印，满版逆向油，局部凹凸。吸塑托盘是开模的，共 9 个卡槽，每个位置摆放 3 层产品。

设计师 贾丽芳
摄影师 胡胜娇
客 户 阿克苏浙疆果业有限公司

盒型结构拆解步骤

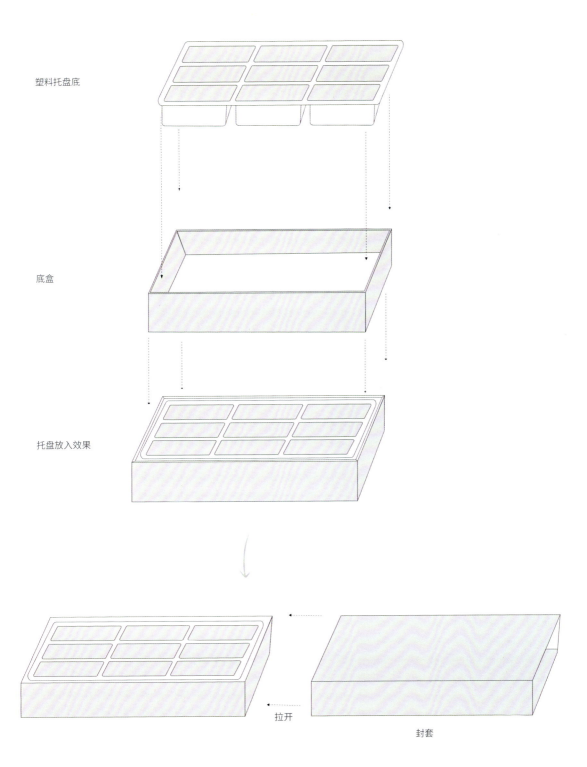

塑料托盘底

底盒

托盘放入效果

拉开

封套

盒型：抽拉盒
封套成品尺寸：宽 176mm，长 296mm，高 47mm
底座成品尺寸：宽 174mm，长 294mm，高 45mm
托盘成品尺寸：宽 167mm，长 287mm，高 40mm

包装上所有金色为专色金

产品名烫黑金 + 击凹凸

封套

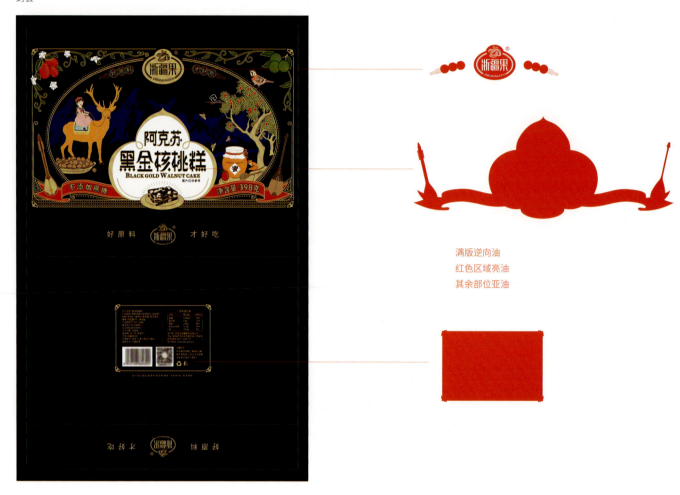

满版逆向油
红色区域亮油
其余部位亚油

底座

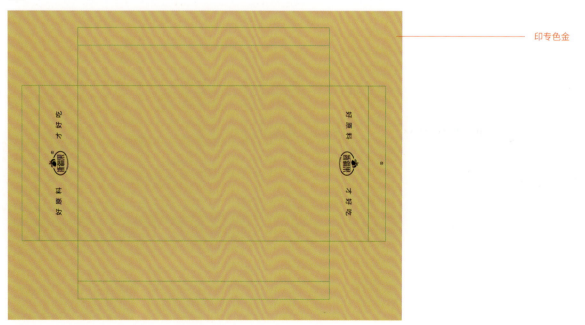

印专色金

击凹凸

逆向油（亮）

案例 44
爸爸糖中秋礼盒

设计说明

爸爸糖是手工土司品牌，线下门店有 300 多家，分布在全国各地。设计爸爸糖月饼中秋礼盒包装的时候，用插画形式体现了传统中秋的节日气氛，延续了爸爸、妈妈、小糖果 3 个卡通 IP 形象，一家三口穿着汉服放孔明灯，可谓其乐融融！

材质、结构与印刷工艺

外盒材质为 2.5mm 厚中纤板裱铜版纸，覆触感膜。外盒为书型盒，其上用铆钉固定一个皮质提手，以节约手提袋成本，同时，在提的过程中能更直观地体现包装盒的外观。盖子打开后，在里面有一层盖板，做了立体结构。外盒使用了烫金工艺。

设计师　彭涛
插画师　山东玉
摄影师　陈佳伟
客　户　江苏爸爸糖贸易有限公司

盒型结构拆解步骤

外盒
尺寸： 长 374mm× 宽 246mm× 高 66mm
材质： 2.5mm 厚中纤板裱铜版纸（四色胶印，覆触感膜）

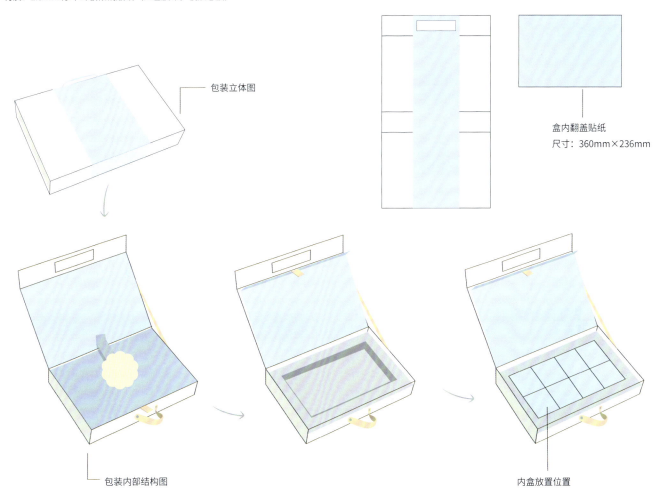

包装立体图

盒内翻盖贴纸
尺寸： 360mm×236mm

包装内部结构图

内盒放置位置

小盒立体图

小盒平面展开图
尺寸： 80mm×80mm×50mm
材质： 300 克白卡纸（四色胶印，覆触感膜）

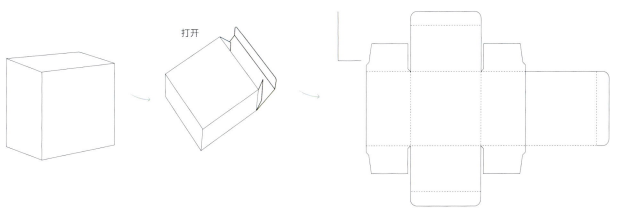

打开

盒内翻盖贴纸

字烫亚金

越过山丘
遇见月明
LIU JIN YI CAI

小盒

字烫亚金

外盒平面展开图

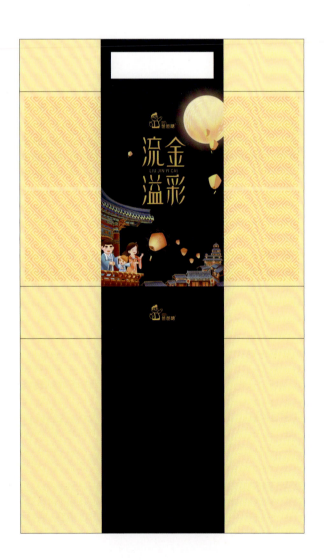

盖板立体结构

尺寸： 360mm×472mm

绿色虚线为折叠处 - - - - - - - -
紫色线为裁切线 —————————

字烫亚金

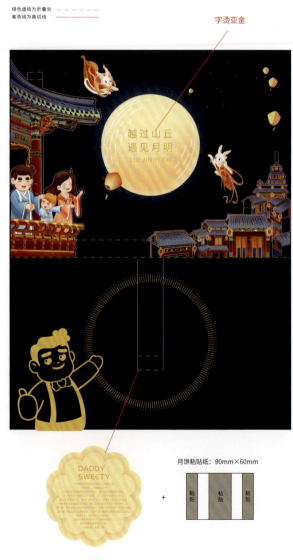

月饼粘贴纸：90mm×60mm

卡片

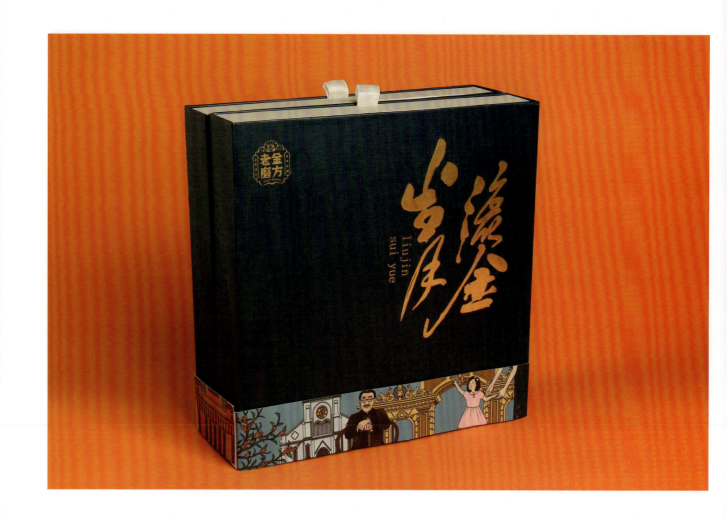

案例 45
老金磨方流金岁月月饼

设计说明

为这款月饼取名为"流金岁月"，其中"金"字取自品牌名"老金磨方"的"金"。这个名字跟客户的品牌名有很强的关联度，气质也吻合。"岁月"两个字有着浓浓的历史沉淀感，体现了品牌数十年的历史传承。特邀书法家书写了产品名"流金岁月"，其字形行云流水、肆意潇洒，属于创新型行书。用烫金工艺把字在深蓝色的背景上体现出来，更有流光溢彩之感，大气简约的蓝金背景，彰显品质。封套上绘制了祖孙三代其乐融融过中秋的场景。这款包装整体呈现正方形，有中国传统文化中的方正之美。

材质与结构

这款精装盒的材质是 2.5mm 厚的中纤板裱印刷品。用纸将两个抽拉盒粘贴到一起，盒子可以平铺打开，也可以对折。对折后在外面套了一个封套，封套能起到固定作用。抽屉盒里面的内托用蓝色植绒高密度海绵。

设计师 贾丽芳
客 户 杭州老金食品有限公司

盒型结构拆解步骤

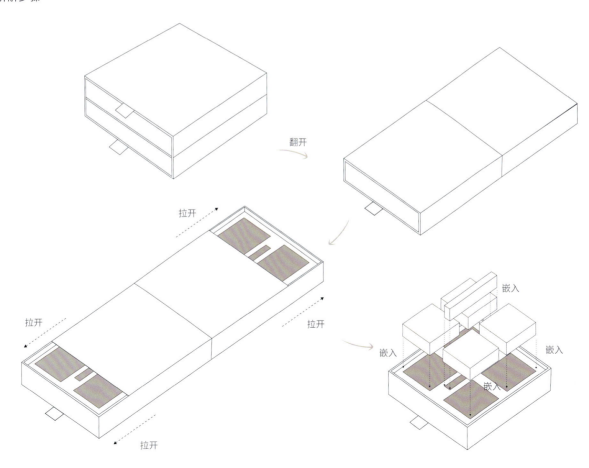

翻开

拉开

拉开

拉开

嵌入

嵌入

嵌入

嵌入

此时明月

规格：85mm×85mm×30mm

共享天伦

规格：85mm×85mm×30mm

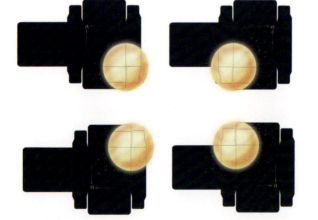

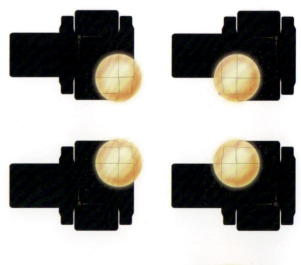

叉子盒 2 个

规格：160mm×10mm×30mm

礼盒展开图

颜色：█████ PANTONE 289 C

根据实际情况，内盒边长为 260mm，外框边长为 270mm，尺寸可微调，以抽拉方便为准

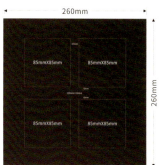

封套高度为 48mm，宽度以套在外盒上合适为宜

礼盒展开后整面粘贴

手提袋尺寸：宽 280mm× 高 285mm× 厚 85mm

手提袋材质：铜版纸覆亚膜，标识和"流金岁月"文字烫浮雕亚金

案例 46
邬小虹邀明月月饼

设计说明

"邬小虹"是由《舌尖上的中国》第一季导演邬虹倾力打造的新文创IP，以微纪录片的形式传播和推广中国民间传统美食文化。这次推出的月饼是广式传统月饼，由岭南地区有着40多年制饼经验的老师傅手工完成。月饼是经典的老三样：火腿五仁，粒粒红豆，蛋黄莲蓉，都是小时候的味道。设计时绘制了一个小女孩童年的中秋记忆：月下的桂花树，挂着红灯笼，兔子在草地上跳跃；月光投进窗户，照着地上打瞌睡的猫咪；一家人围坐在桌前吃团圆饭，其乐融融，正是幸福的模样。礼盒中装了一张纸，有品牌故事、产品介绍，还能折成一只兔子，增强了用户体验感。

材质与结构

材质是2.5毫米厚的中纤板裱印刷品，覆触感膜。盒型结构是天地盖。盒外面做了一个封套，封套是双面印刷的350克白卡纸覆触感膜，局部镂空。内托由卡纸折叠而成。

设计师 贾丽芳
客　户 舌尖记忆（北京）文化传播有限公司

盒型结构拆解步骤

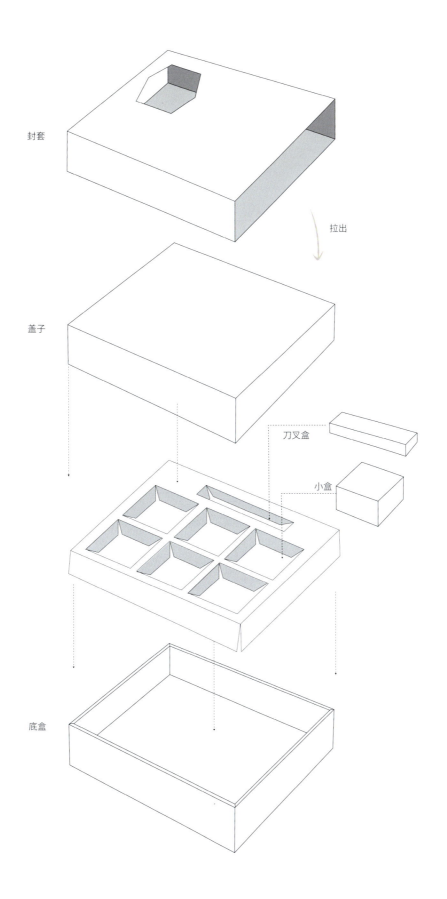

封套

拉出

盖子

刀叉盒

小盒

底盒

封套展开图

封套尺寸：333mm×273mm×63mm（尺寸仅供参考，以实际效果为准）
封套材质：350 克白卡纸对裱（表层印刷，覆亚膜）
里面的纸张印刷满版用专色紫（接近外面墙面的颜色），不覆膜

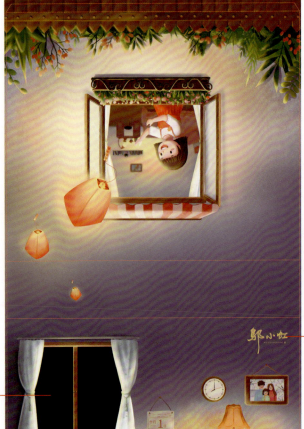

标识烫亚金

镂空

封套尺寸：333mm×273mm×63mm（尺寸仅供参考，以实际效果为准）

天地盖展开图

天地盖材质：2.5mm 厚中纤板裱印刷品（覆亚膜）
天地盖盖子成品尺寸：330mm×270mm×60mm

标识烫亚金

烫黑金

烫红金

天地盖底座展开图

天地盖底座成品尺寸：323mm×263mm×57mm
（底座尺寸仅供参考，以打样参考为准）

小盒盒型：反式插舌盒

材质：350 克白卡纸（覆亚膜）
工艺：Logo、产品名、广告语烫亚金

刀叉盒尺寸：150mm×30mm×50mm

标志烫亚金

小盒尺寸：85mm×85mm×50mm

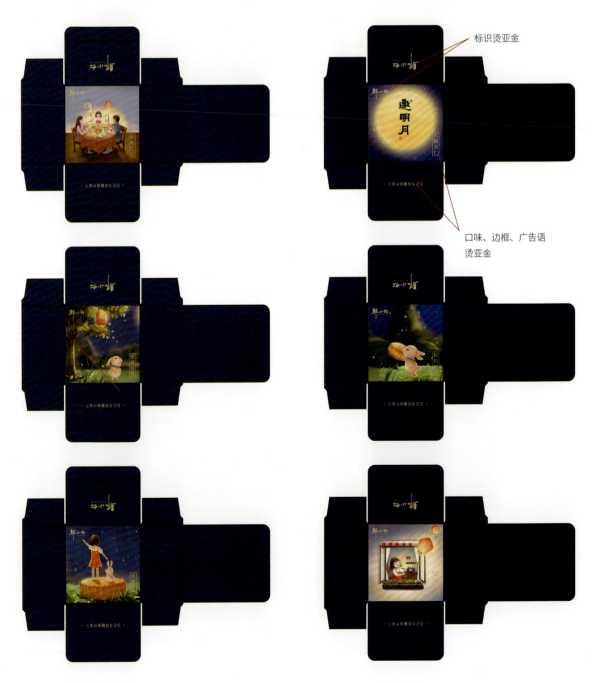

标识烫亚金

口味、边框、广告语
烫亚金

内托

小盒尺寸：85mm×85mm×50mm

内卡槽：350 克白卡纸，覆亚膜，挖洞并折叠（或者卡纸裱深蓝色特种纸）

专色：PANTONE 281 C

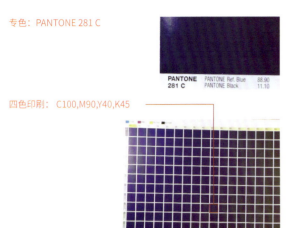

四色印刷：C100,M90,Y40,K45

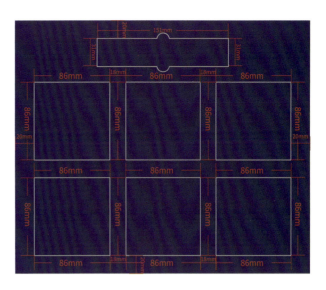

材质：120 克太古特种纸 　　　　专色： PANTONE 874 C

尺寸：302mm×232mm

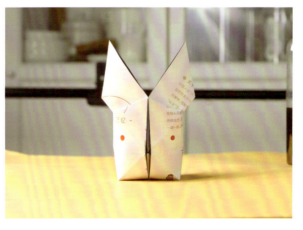

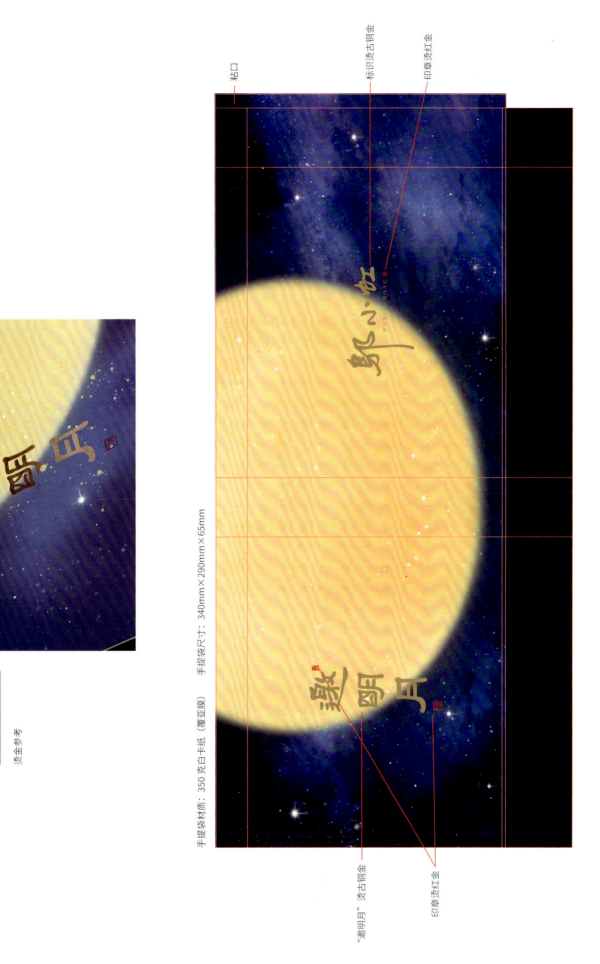

粘口

标识烫古铜金

印章烫红金

WUXIAOHONG

"邀明月" 烫古铜金

印章烫红金

手提袋材质：350 克白卡纸（覆亚膜）　手提袋尺寸：340mm×290mm×65mm

Matt Gold
0923

烫金参考

第 **05** 章 ■

其他

案例 47

螺外婆螺蛳粉桶（淋膜纸）

设计说明

因为品牌名叫"螺外婆"，所以创作了一个螺外婆 IP 形象——花白的头发，戴着圆形老花镜，正在做螺蛳粉。飞溅的汤汁，各种配料，还有粉，让人非常有食欲。包装下面是柳州当地的标志性建筑，体现了产品的正宗。不同的味型，通过食材元素和主色调进行区分，比如小龙虾味的主色调是红色，并有小龙虾"飞"起来。整个系列货架陈列效果很统一，视觉冲击力强。

材质与结构

材质是淋膜纸杯。杯身的展开图是一个扇形，通常需要让包装厂提供尺寸和扇形的刀版图。

设计师 林树年
插画师 山东玉
效果图 陈佳伟
客 户 柳州市螺外婆食品科技有限公司

桶型结构拆解步骤

小龙虾味桶装

颜色：■■ PANTONE 192 C

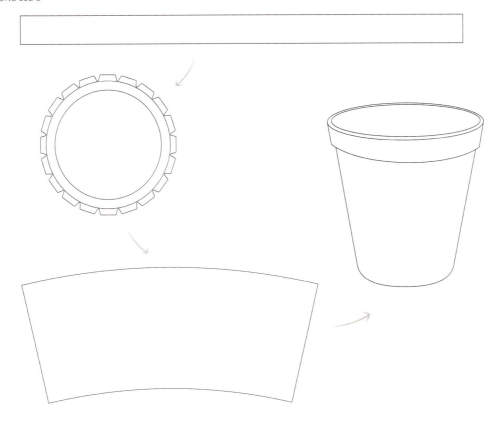

结构图示

109mm（此处为盖子成品尺寸，
如需调整请同比例放大或缩小）

343mm

153mm

25.5mm

纸杯扇形绘制公式

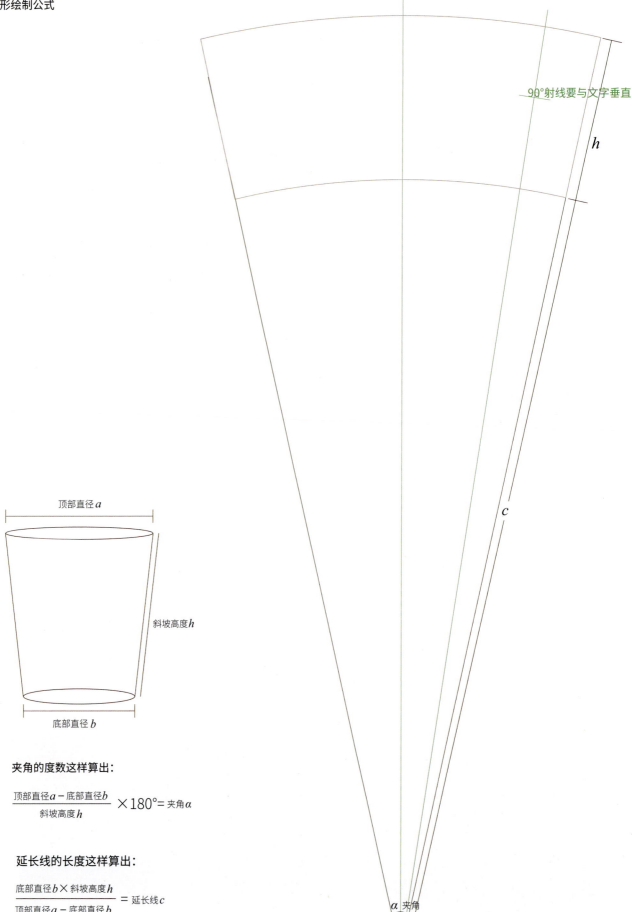

90°射线要与文字垂直

h

c

顶部直径 a

斜坡高度 h

底部直径 b

α 夹角

夹角的度数这样算出：

$$\frac{顶部直径\,a - 底部直径\,b}{斜坡高度\,h} \times 180° = 夹角\,\alpha$$

延长线的长度这样算出：

$$\frac{底部直径\,b \times 斜坡高度\,h}{顶部直径\,a - 底部直径\,b} = 延长线\,c$$

案例 48
糖裹果（马口铁盒）

设计说明

糖裹果太妃糖的包装设计采用了装饰性很强的孟菲斯风格，高颜值更受年轻消费者的喜爱。夏威夷果和太妃糖是产品实拍效果，让人充满食欲。插画展示了太妃糖的制作情景。盒子开启后，立体剪纸的背景板是喜马拉雅山，体现了产品中岩盐的来源。第一层剪纸是都市的高楼；第二层剪纸是都市男女在喝下午茶，吃太妃糖，体现了产品的食用场景；第三层剪纸是太妃糖的制作流程。

材质、结构和印刷工艺

材质是马口铁。盒型是天地盖，盖子与盒身通过铁丝固定，可以把盖子掀起来。里面的立体纸雕用 350 克白卡纸，单面四色胶印。

设计师　林树年
插画师　山东玉
效果图　陈佳伟
客　户　汤糖（天津）食品有限公司

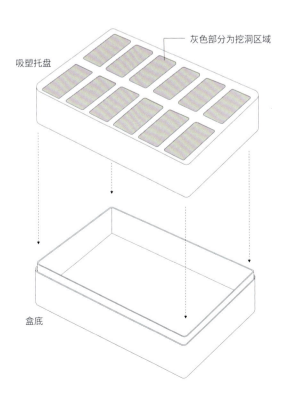

吸塑托盘

盒底

灰色部分为挖洞区域

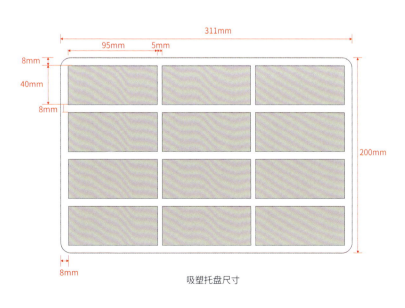

吸塑托盘尺寸

盒子专色： PANTONE 2337 C

成品尺寸：长 315mm× 宽 204mm× 高 60mm

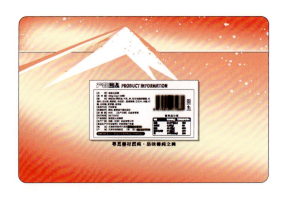

地盖尺寸：长 315mm× 宽 204mm

剪纸连接粘贴纸：30mm×20mm

贴纸使用图示

剪纸展示图

剪纸结构图示

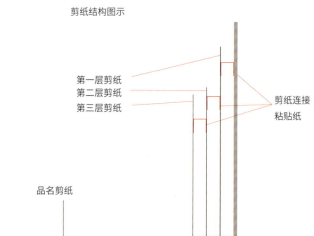

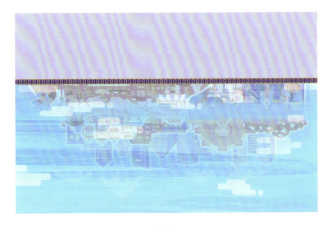

底图

剪纸背景板

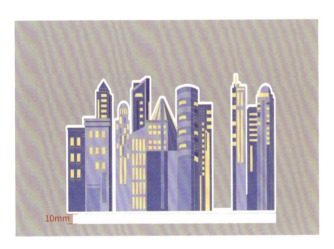

第一层

第二层

第三层

附录

国内认证图标

中国有机产品GAP认证
China GAP
certified organic

中国有机转换产品认证
China GAP
certified organic transmit

中华老字号
China Time-honored Brand

组合1

南京国环OFDC有机认证
China OFDC
certified organic

中绿华夏有机认证
China organic food
certication

中华老字号
China Time-honored Brand

组合2

组合3

组合4   组合5

中国地理标志保护产品

中国地理标志

中国环保产品认证

国家免检产品

中国名牌

中国非物质文化遗产

中国发明专利

GMP达标企业

中国国家强制性产品认证

ISO14025

无公害农产品

保健食品

中国环境标志

抗菌标志

高新技术产业

国际认证图标